Katja Messerer

Dysferlinopathien im Mausmodell

Katja Messerer

Dysferlinopathien im Mausmodell

Kartierung und Identifizierung modifizierender Gene

Südwestdeutscher Verlag für Hochschulschriften

Impressum/Imprint (nur für Deutschland/only for Germany)
Bibliografische Information der Deutschen Nationalbibliothek: Die Deutsche Nationalbibliothek verzeichnet diese Publikation in der Deutschen Nationalbibliografie; detaillierte bibliografische Daten sind im Internet über http://dnb.d-nb.de abrufbar.
Alle in diesem Buch genannten Marken und Produktnamen unterliegen warenzeichen-, marken- oder patentrechtlichem Schutz bzw. sind Warenzeichen oder eingetragene Warenzeichen der jeweiligen Inhaber. Die Wiedergabe von Marken, Produktnamen, Gebrauchsnamen, Handelsnamen, Warenbezeichnungen u.s.w. in diesem Werk berechtigt auch ohne besondere Kennzeichnung nicht zu der Annahme, dass solche Namen im Sinne der Warenzeichen- und Markenschutzgesetzgebung als frei zu betrachten wären und daher von jedermann benutzt werden dürften.

Coverbild: www.ingimage.com

Verlag: Südwestdeutscher Verlag für Hochschulschriften GmbH & Co. KG
Heinrich-Böcking-Str. 6-8, 66121 Saarbrücken, Deutschland
Telefon +49 681 37 20 271-1, Telefax +49 681 37 20 271-0
Email: info@svh-verlag.de

Zugl.: Erlangen, Friedrich-Alexander-Universität Erlangen-Nürnber, Dissertation, 2011

Herstellung in Deutschland:
Schaltungsdienst Lange o.H.G., Berlin
Books on Demand GmbH, Norderstedt
Reha GmbH, Saarbrücken
Amazon Distribution GmbH, Leipzig
ISBN: 978-3-8381-3108-5

Imprint (only for USA, GB)
Bibliographic information published by the Deutsche Nationalbibliothek: The Deutsche Nationalbibliothek lists this publication in the Deutsche Nationalbibliografie; detailed bibliographic data are available in the Internet at http://dnb.d-nb.de.
Any brand names and product names mentioned in this book are subject to trademark, brand or patent protection and are trademarks or registered trademarks of their respective holders. The use of brand names, product names, common names, trade names, product descriptions etc. even without a particular marking in this works is in no way to be construed to mean that such names may be regarded as unrestricted in respect of trademark and brand protection legislation and could thus be used by anyone.

Cover image: www.ingimage.com

Publisher: Südwestdeutscher Verlag für Hochschulschriften GmbH & Co. KG
Heinrich-Böcking-Str. 6-8, 66121 Saarbrücken, Germany
Phone +49 681 37 20 271-1, Fax +49 681 37 20 271-0
Email: info@svh-verlag.de

Printed in the U.S.A.
Printed in the U.K. by (see last page)
ISBN: 978-3-8381-3108-5

Copyright © 2012 by the author and Südwestdeutscher Verlag für Hochschulschriften GmbH & Co. KG and licensors
All rights reserved. Saarbrücken 2012

Meinen Eltern

Inhalt

1. Einleitung 1
   1.1 Das Krankheitsbild 1
      1.1.1 Formen der Gliedergürteldystrophie 1
      1.1.2 Die Dysferlinopathien 2
      1.1.3 Modifizierende Gene 3
   1.2 Mäuse in der genetischen Forschung 4
      1.2.1 Die Verwandtschaft zwischen Menschen und Mäusen 4
      1.2.2 Besonderheiten der Labormäuse 5
      1.2.3 Die SJL-Maus als Modellorganismus für die Dysferlinopathien 5
      1.2.4 Das Mausmodell für modifizierende Gene 7
      1.2.5 Die Pyruvat-Kinase als Marker für die Erkrankungsschwere 8
   1.3 Problemstellung 9

2. Material 10
   2.1 DNA und Mikrosatelliten-Marker 10
   2.2 Arbeitsgeräte 10
   2.3 verwendete Lösungen und Kits 10
      2.3.1 PCR-Ansätze 11
      2.3.2 Gelelektrophorese mit ABI PRISM®310/3100 Genetic Analyzer 11
      2.3.3 Sequenzierreaktion 11
   2.4 Software 12
      2.4.1 Mikrosatellitenanalyse 12
      2.4.2 Sequenzanalyse 12
      2.4.3 Sequenzvergleich: 12
   2.5 Daten- und Softwareadressen im Internet 12
      2.5.1 Promotorensuchprogramm 12
      2.5.2 Mikrosatellitensuche 12
      2.5.3 Referenzsequenz für Maus 13

3. Methoden 14
   3.1 Mikrosatellitenanalyse 14
      3.1.1 DNA-Probenvorbereitung zur PCR 14

3.1.2 Polymerase Chain Reaction (PCR) 15
3.1.3 Mikrosatelliten-Analyse mittels denaturierender Gelelektrophorese 18
3.2. Suche nach dem Kandidatengen 19
3.2.1 Generierung der Primer und Amplifikation 20
3.2.2 Sequenzierung des Kandidatengens (Kettenabbruchmethode nach Sanger)...... 21
3.2.3 Auswertung der Sequenzierung 23
3.2.4 Promotorensuche 23

4. Ergebnisse 25
4.1 Genkartierung mittels Mikrosatellitenmarkern 25
4.1.1 Kriterien für die Markerauswahl 25
4.1.2 Auswertung der Mikrosatelliten 27
4.2 Statistische Auswertung der Marker 27
4.3 Suche und Analyse eines Kandidatengens 30
4.3.1 Telethonin als mögliches Kandidatengen 30
4.3.2 Analyse des Kandidatengens 30
4.3.3 Mutationssuche in möglichen Promotorregionen 31

5. Diskussion 33
5.1 Experimentelles Vorgehen 33
5.1.1 Dysferlinopathien bei Mäusen - die SJL-Maus 33
5.1.2 Kreuzungsexperimentelle Vorgehensweisen 34
5.1.3 Quantitative Merkmale 35
5.1.4 Probleme der Kopplungsanalyse bei komplex vererbten Merkmalen 35
5.1.5 Statistische Auswertung der Daten 37
5.2 Die Suche nach einem Kandidatengen 37
5.2.1 Positioneller Ansatz 38
5.2.2 Funktioneller Ansatz 38
5.3 Funktioneller Ansatz zur Identifikation weiterer Kandidatengenen 40
5.3.1 Myoferlin als möglicher Modifier 40
5.3.2 Interaktion von Caveolin-3 und *Dysferlin* 40
5.3.3 Aufklärung der *Dysferlin*-Funktion in der Zelle 40
5.3.4 Anwendungsmöglichkeiten der Ergebnisse 41

Zusammenfassung 42

Literatur..	44
Abkürzungsverzeichnis	46
Anhang	47
Danksagung	55
Lebenslauf... Fehler! Textmarke nicht definiert.	

1. Einleitung

1.1 Das Krankheitsbild

1.1.1 Formen der Gliedergürteldystrophie

Die Muskeldystrophien vom Gliedergürteltyp (Limb-girdle muscular dystrophies, LGMD) sind eine genetisch heterogene Gruppe. Bisher konnten 5 autosomal dominante (LGMD Typ1, OMIM 159000) und 9 autosomal rezessive (LGMD Typ2, OMIM 253600) Formen beschrieben werden.

Klinisch zeichnen sie sich durch den proximalen Beginn der Muskelschwäche im Bereich der großen Muskelgruppen des Beckens und des Schultergürtels aus, im Muskelbiopsat lässt sich histologisch eine dystrophe Myopathie nachweisen. Bei den rezessiv vererbten Formen ist der Erkrankungsbeginn meist früher und der Verlauf schwerer als bei jenen mit dominantem Erbgang (Bönnemann et al., 1999). Dies spiegelt sich auch in den höheren Serum-Creatin-Kinase-Werten (einem muskelspezifisches Enzym und Indikator für den Muskelzerfall) wieder (Neumeister et al., 2003). Anfangs erfolgte die klinische Einteilung der verschiedenen Erkrankungsformen nach den initial betroffenen Muskelgruppen. Inzwischen lässt sich aber bei den meisten Formen eine Unterscheidung aufgrund der veränderten Genprodukte treffen. Durch molekulargenetische Analysen konnten verschiedene ursächliche Mutationen in Genen gefunden werden, die für unterschiedlichste Muskelzellproteine kodieren. Betroffen sind hierbei sämtliche Bestandteile der Muskelfaser: der kontraktile Apparat, die Zellmembran, das Sarkolemn oder das Zytoplasma. So ist bei dem Typ LGMD 2A die muskelspezifische Protease Calpain 3 verändert (Calpainopathie), bei den Typen LGMD 2 C, D, E und F wurden Mutationen in den Genen für die Dystrophin-assoziierten Sarcoglycane (Sarcoglycanopathien) nachgewiesen (Bönnemann et al., 1999).

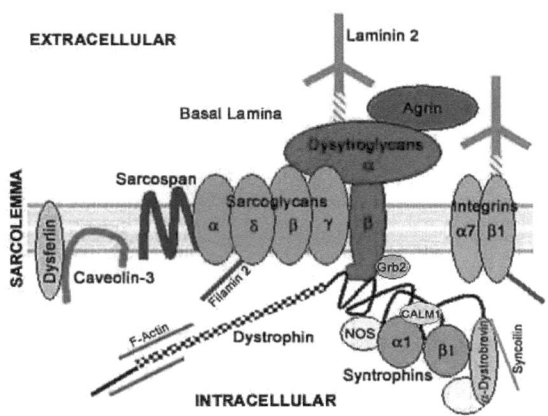

1.1 Überblick über die bekannten veränderten Proteine der Muskeldystrophien
(Quelle:Neuromuscular Disease Center,Washington University)
Dysferlin ist Bestandteil des Sarkolemns, in enger Nachbarschaft zu Caveolin 3.

1.1.2 Die Dysferlinopathien

Bei der Suche nach der genetischen Ursache für die LGMD 2B fand man durch eine Mikrosatelliten-Analyse bei betroffenen Patienten eine Koppelung an den Genlokus auf Chromosom 2p13. Zeitgleich mit diesen Forschungsergebnissen von Bashir führte eine Arbeitsgruppe unter Liu den Gendefekt der Myoshi Myopathie (MM) auf den gleichen Lokus zurück (Bashir et al., 1998, Liu et al., 1998).

Der unterschiedliche klinische Phänotyp der beiden Krankheiten legte die Annahme nahe, dass es sich hierbei um zwei allelisch vererbte Gendefekte handelte: die LGMD 2B ist eine relativ milde Erkrankungsform mit einem späten Krankheitsbeginn in der 2. oder 3. Lebensdekade, bei der vorwiegend die proximalen Muskelgruppen des Becken- und Schultergürtels betroffen sind.

Bei der Myoshi Myopathie sind hingegen vor allem die distalen Muskelgruppen wie der Musculus gastrocnemius in Mitleidenschaft gezogen. Es kommt zunächst zu einer Muskelschwäche, welche gerade im Bereich des Gastrocnemius bildmorphologisch durch CT oder MRT als degenerative Muskelverfettung nachgewiesen werden kann. Weiter kommt es zu exzessiv erhöhten Creatinkinase-Werten im Labor (Bönnemann et al., 1999). Zur weiteren Abklärung der beiden Krankheiten untersuchte man zwei grosse kanadische Familien, in denen es sowohl Patienten mit MM als auch mit LGMD 2B gab. Hierbei stellte man fest, dass alle Betroffenen denselben Haplotyp aufwiesen (Weiler et al., 1999). Als verändertes Genprodukt konnte schließlich das *Dysferlin* identifiziert werden. Das codierte Protein gehört zu der Gruppe der Ferline, deren Name auf eine Homologie zum Fruchtbarkeitsfaktor fer-1 von *C. elegans* zurückzuführen ist. Drei Mitglieder dieser Familie konnten auch beim Menschen identifiziert werden: *Dysferlin, Myoferlin* und *Otoferlin*. Alle drei sind durch das Vorhandensein mehrerer C2-Domänen und einer C-terminalen-Transmembrandomäne charakterisiert. Eine Mutation von *fer-1* führt bei *C. elegans* zur Unfruchtbarkeit: es resultiert eine Unfähigkeit der Fusion von Membranorganellen mit der Plasmamembran während der Spermatogenese. Dies weist auf eine Rolle dieser Proteine bei der Membranfusion oder beim Vesikeltransport hin. Elektronenmikroskopisch zeigen sich bei den Dysferlinopathien vor allem strukturelle Veränderungen der Plasmamembran und im Bereich des Sarkolemmns. Das lässt vermuten, dass *Dysferlin* eine Rolle bei der strukturellen Integrität des Sarkolemmns spielt und bei Membranreparaturmechanismen benötigt wird (Bushby et al, 2001).

Die Haplotypen-Analyse der kanadischen Familie mit sowohl MM- als auch LGMD2B- Patienten ergab bei allen Betroffenen eine Homozygotie für dieselbe Missense-Mutation mit einer identischen Reduktion der Dysferlinexpression im Skelettmuskel. Die Entwicklung der unterschiedlichen Phänotypen in dieser Familie kann somit nicht auf einen allelischen Unterschied zurückgeführt werden; eine mögliche Erklärung wäre der Einfluss modifizierender Gene (Weiler et al., 1999).

1.1.3 Modifizierende Gene

Unterschiede in der Merkmalsausprägung können durch viele Faktoren verursacht werden, z.B. allelische Varianten, Umwelteinflüsse oder stochastische Faktoren. Diese müssen daher erst ausgeschlossen werden, bevor modifizierende Gene in Betracht gezogen werden können. Dabei kann ein Modifier die Penetranz, Dominanz, Expression und Pleiotropie eines Merkmals beeinflussen. Experimentell macht man sich hierbei ingezüchtete Populationen zu nutze: innerhalb dieser lässt sich relativ einfach untersuchen, ob der genetische Hintergrund die Expression beeinflusst. Die Ergebnisse einer Kopplungsanalyse innerhalb einer experimentellen Inzuchtpopulation, z.B. eines Labormausstamms, können anschließend für die Suche nach modifizierenden Genen in den homologen Anteilen des menschlichen Genoms genutzt werden (Nadeau, 2001).

1.2 Mäuse in der genetischen Forschung

1.2.1 Die Verwandtschaft zwischen Menschen und Mäusen

Zur Aufklärung genetischer Defekte beim Menschen nutzt man in der Forschung schon lange die Erkenntnis, dass während der evolutionären Entwicklung trotz des genetischen Auseinanderdriftens der Arten grosse Teile der genetischen Information konserviert wurden. Damit lässt sich eine unterschiedlich enge Verwandtschaft zwischen den verschiedenen Arten finden. Die folgende Abbildung zeigt dabei, dass häufig benutzten Modellorganismen wie *D. melanogaster* und *C. elegans* dabei mit dem Menschen weniger eng verwandt sind als andere Säugetierarten, wie z.B. Ratten oder Mäuse.

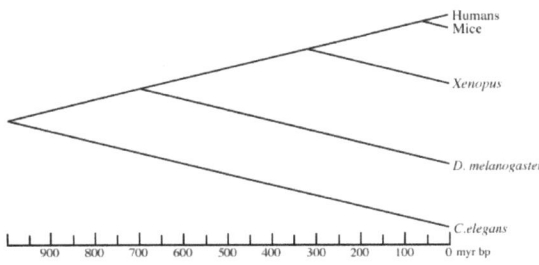

1.2 Darstellung des genetischen Auseinanderdriftens von *C. elegans*, *D. melanogaster*, Maus und Mensch (Silver, 1995)
Zeitachse: Jahrmilliarden vor der Gegenwart

Dabei beträgt der konservierte Anteil der genetischen Information bei Menschen, Mäusen und anderen Säugetieren etwa 10-20 Millionen Basenpaare. Anders ausgedrückt: würde man das Mausgenom in 130-170 Stücke schneiden und neu anordnen, könnte man eine nur geringfügig abweichende Kopie des menschlichen Genoms herstellen (Silver, 1995). Wenn sich auch der Grundbauplan aller Säugetiere sehr ähnelt, so zeigen sie jedoch deutliche Unterschiede in ihrer Entwicklung und ihrem Metabolismus: obwohl die biochemischen Abläufe innerhalb der Spezies der Säugetiere weitgehend konserviert sind, finden sich auch hier häufig Unterschiede in den Aufgaben der Genprodukte bei Menschen und Mäusen. Weiter unterscheiden sie sich auch in der Entwicklungsbiologie der Organsysteme und auch deutlich in der mittleren Lebenserwartung. Da der genetische Hintergrund häufig eine große Rolle bei der Ausprägung einer Mutation spielt, ist auch hier von völlig unterschiedlichen Einflüssen auszugehen. Seit der endgültigen Komplettierung des Maus- und Ratten-Genomscans weiß man weiter, dass einige menschliche Gene gar keine entsprechenden Gegenstücke bei den Nagetieren haben (Strachan/Read, 1999).

Dies führt dazu, dass sich die bei der Maus gewonnenen Daten nicht unkritisch auf den Menschen übertragen lassen und umgekehrt. Trotzdem hat sich die Maus zu einem wichtigen Werkzeug zur Erforschung des menschlichen Genoms entwickelt (Silver, 1995).

1.2.2 Besonderheiten der Labormäuse

Zur Aufklärung genetischer Fragestellungen verwendet man ingezüchtete Mausstämme. Deren Mitglieder sind im Gegensatz zu den Wildtyp-Mäusen genetisch identisch.

Zur Schaffung eines Inzucht-Stammes kreuzt man zunächst zwei nicht verwandte Tiere. Im darauf folgenden werden die Tiere der Filialgenerationen untereinander gekreuzt, bis man etwa in der 20. Filialgeneration von einem Inzuchtstamm sprechen kann. Dessen Mitglieder sind in ihren genetischen Merkmalen dann praktisch homozygot, wie die folgende Graphik zeigen soll (Silver, 1995).

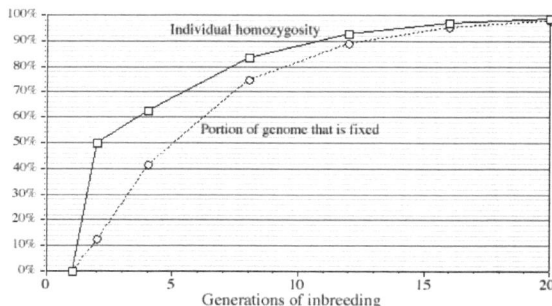

1.3 Zunehmende Homozygotie der Mäuse innerhalb Generationen der Inzucht (Silver, 1995)
Die gestrichelte Linie zeigt den fixierten Anteil des Genoms, die durchgehende die zunehmende Homozygosität der Individuen

1.2.3 Die SJL-Maus als Modellorganismus für die Dysferlinopathien

Einer dieser ingezüchteten Labormausstämme ist der SJL-Stamm, welcher bisher vor allem zur Aufklärung von Autoimmunerkrankungen verwendet wurde. Dabei entdeckte man das spontane Auftreten einer entzündlichen Muskelerkrankung. Bei der histopathologischen Untersuchung der Muskulatur zeigte diese die Anzeichen einer progressiven Muskeldystrophie mit zunehmender Muskelschwäche etwa ab der dritten Lebenswoche. Deren klinischer Nachweis erfolgt dadurch, dass die Mäuse am Schwanz in die Höhe gehalten werden, dabei ist der Abwehrreflex, an der Hand des Untersuchers hochzuklettern, bei den betroffenen Tieren nicht mehr vorhanden.

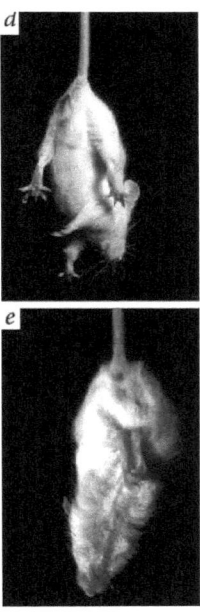

Maus mit Dysferlin-Mutation

1.4 Bei der Extension der Maus am Schwanz hängt diese schlaff herunter, anstatt sich in einem Abwehrreflex an der Hand des Untersuchers hoch zuhangeln (Bittner et al., 1999)

Ein Nachweis des autosomal-rezessiven Erbgangs der Erkrankung erfolgte durch Kreuzungsversuche (SJLxC57Bl10). Die Suche nach dem betroffenen Genlokus mit Mikrosatelliten-Markern ergab eine Kopplung mit einer Region auf Chromosom 6. Diese ist homolog zu dem Lokus 2p13 des menschlichen Genoms, auf dem sich das Gen für *Dysferlin* befindet. Mit den Primern, die für die menschliche *Dysferlin*-Sequenz konzipiert worden waren, erfolgte nun die Sequenzierung des Mäuse-Gens. Es fand sich eine 171 bp-Deletion in einer bei der Familie der *fer*-ähnlichen Proteine hochkonservierten Region. Man geht daher davon aus, dass diese zu einem signifikanten Funktionsverlust des Proteins führt. Daraufhin erfolgte eine Untersuchung des Muskelgewebes der Mäuse mit monoklonalen Antikörpern gegen das menschliche *Dysferlin*-Protein. Es konnte eine signifikante Verminderung der Expression nachgewiesen werden. Diese Erkenntnisse machten die SJL-Maus zu einem idealen Modellorganismus zur weiteren molekulargenetischen Aufklärung der Dysferlinopathien (Bittner et al., 1999).

1.2.4 Das Mausmodell für modifizierende Gene

Zur Untersuchung des Einflusses von modifizierenden Genen auf die Ausprägung der *Dysferlin*-Mutation züchtete man zuerst eine geeignete Modellpopulation.

Wie das folgende Kreuzungsschema zeigt, wurden hierfür von der *Dysferlin*-Mutation betroffene SJL-Mäuse mit Individuen des *Dysferlin*-gesunden C57Bl10-Stammes gekreuzt. Zur Erfassung von möglichen Imprinting-Effekten wurde jeweils ein männliches SJL- mit einem weiblichen Bl10-Tier (und umgekehrt) gekreuzt („Intercross") (Silver, 1995).

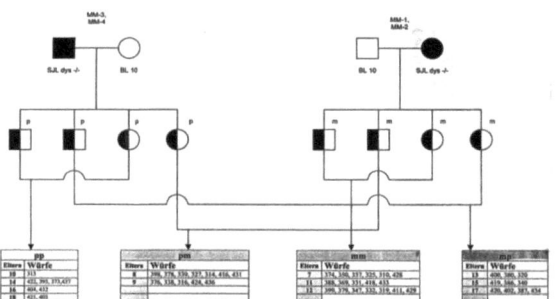

1.5 Kreuzungsschema für die Kreuzung von SJL- mit C57Bl10-Tieren (Retzl)

Durch eine Kreuzung der heterozygoten F1-Tiere untereinander erhält man nun in der F2-Generation eine Population von homozygot *Dysferlin*-mutierten Tieren, welche auf die Krankheitsausprägung hin untersucht werden.

1.2.5 Die Pyruvat-Kinase als Marker für die Erkrankungsschwere

Als einen objektiven Marker der Erkrankungsschwere wählte man zuerst das Muskelenzym Creatin-Kinase als Parameter aus. Diese weist beim Menschen erhöhte Werte im Falle eines Muskelzellzerfalls, z. B im Rahmen einer Muskelerkrankung auf (Neumeister et al., 2003). Allerdings musste man feststellen, dass diese bei den Mäusen nicht signifikant erhöht war. Ein anderes muskelspezifischen Enzyms, die Pyruvat-Kinase (PK) zeigte bei den Mäusen jedoch auffällig erhöhte Werte. Der Normwert liegt hier bei 3 U/l, die betroffenen Mäuse zeigten jedoch an zwei Messpunkten (90. und 110. Lebenstag) deutlich überhöhte Werte, wie die folgende Graphik verdeutlicht.

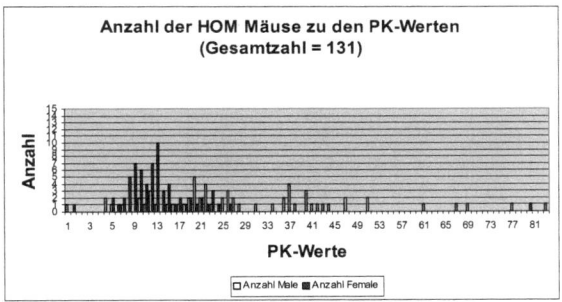

1.6 PK-Wert-Erhöhung bei den homozygot Dysferlin-mutierten Mäusen (Retzl)
Es zeigt sich eine deutliche Erhöhung über den Normwert von 3 U/l, Gauss-ähnliche
Werteverteilung bei 9 U/l, 21 U/l und 37 U/l

Weiter fällt eine Häufung der Werte in drei Gauss-ähnlichen Verteilungskurven (bei 9 U/l, 21 U/l und 37 U/l) auf; dies ist vereinbar mit einem Hinweis auf den Einfluss von mehreren modifizierenden Genen.

Die Vererbung der Dysferlinopathien erfolgt also vermutlich in Form eines QTL (Quantitative Trait Locus). Dieser ist dadurch charakterisiert, dass der Phänotyp über ein kontinuierliches Spektrum von Ausprägungsmöglichkeiten variiert. Im Gegensatz zu Merkmalen wie der Fellfarbe lässt sich ein quantitatives Merkmal nur numerisch beschreiben (Beispiel hierfür sind Größe oder Gewicht). Sie werden meist polygen vererbt, d.h. es liegen mehrere Loci vor, welche einen Einfluss auf die

Merkmalsausprägung haben. Bei einem Kreuzungsexperiment gibt die Streuung der Messwerte in Form von Gauss-ähnlichen Verteilungskurven einen Hinweis auf die Anzahl der beteiligten Loci. (Silver, 1995)

1.3 Problemstellung

Das weitere Vorgehen besteht nun darin, durch eine Abdeckung des Genoms mit gleichmäßig verteilten Mikrosatelliten-Markern die homozygot *Dysferlin*-negativen Tiere zu genotypisieren und anschließend unter der Einbeziehung der PK-Werte der Mäuse eine Kopplungsanalyse durchzuführen. Beim Vorliegen eines Hinweises auf eine Kopplung in einer der Markerregionen soll diese auf ein mögliches Kandidatengen hin untersucht werden.

Dieses soll anschließend auf eine mögliche Mutation hin untersucht werden und ein Funktionsverlust oder eine Funktionsminderung nachgewiesen werden, welche einen möglichen Einfluss auf die Ausprägung der Dysferlinopathie haben könnte.

2. Material

2.1 DNA und Mikrosatelliten-Marker

DNA von 184 homozygot Dysferlin-negativen Tieren (siehe Tabelle 1 im Anhang)
58 informative Mikrosatelliten- Marker (siehe Tabelle 2 im Anhang)

2.2 Arbeitsgeräte

Die Laborausstattung umfasste folgende häufig benutzte Geräte:

Kapillargelelektrophoreseeinheiten
- ABI PRISM®310 Genetic Analyzer, Applied Biosystems (ABI)
- ABI PRISM®3100 Genetic Analyzer, Applied Biosystems (ABI)

Thermocycler
MJ Research DNA Engine DYAD^{TM}, Peltier Thermal Cycler

Pipettierroboter
TECAN Genesis RSP 100, Tecan AG
HYDRA 96/384, Robbins Scientific

Photometrische DNA-Messung
TECAN GENios, Tecan AG

Zentrifugen
Minifuge RF, HERAEUS sepatech
Eppendorf centrifuge 5810, Eppendorf

2.3 verwendete Lösungen und Kits

2.3.1 PCR-Ansätze

10xPCR-Puffer (invitrogen)	200 mM Tris-HCl (pH 8.4)
	500 mM KCl
$MgCl_2$	50 mM

Polymerasen
Mikrosatelliten: Taq-DNA-Polymerase, invitrogen (Cat. No. 10342-020)
Sequenzierungen: Platinum-Polymerase, invitrogen (Cat.No. 10966-034)

2.3.2 Gelelektrophorese mit ABI PRISM®310/3100 Genetic Analyzer

(Firma ABI®)

Performance Optimized Polymer (POP 6)
GeneScan® Internal Lane Size Standard (GeneScan®-500 TAMRA bei Farbmarkierung TET, GeneScan®-500 ROX bei Farmarkierung NED)
GeneticAnalyzer-Puffer mit EDTA

2.3.3 Sequenzierreaktion

Aufreinigung des PCR-Produktes
QIA® quick Purification Kit, Qiagen® Cat. No. 28106

Sequenzierreaktion
PCR-Ansatz
Premix: ABI PRISM® BigDye™ Terminator Reaction Kit with AmplyTaq® DNA Polymerase, FS ABI PRISM® dGTP BigDye™ Terminator v3.0

Aufreinigung

DyeEx™ Spin Kit, Qiagen® Cat. No. 63106

2.4 Software

2.4.1 Mikrosatellitenanalyse

ABI® Data Collection Software 3.0.0
GeneScan® Analysis Software Version 3.7
Genotyper® Software Version 3.6 NT

2.4.2 Sequenzanalyse

ABI® Data Collection Software 3.0.0
ABI PRISM® DNA Sequencing Analysis Software™ 3.4.1

2.4.3 Sequenzvergleich:

SeqMan™ II DNA Star
Chromas 2.01, Technelysium

2.5 Daten- und Softwareadressen im Internet

2.5.1 Promotorensuchprogramm

Fruitfly http://www.fruitfly.org

2.5.2 Mikrosatellitensuche

Jackson Laboratories http://www.jax.org/

2.5.3 Referenzsequenz für Maus

NCBI: http://www. ncbi.nlm.nih.gov/blast

UCSC: http://genome.ucsc.edu/cgi-bin/hgBLAT

3. Methoden

3.1 Mikrosatellitenanalyse

Die Kartierung der homozygot *Dysferlin*-mutierten F2-Mäuse erfolgte mit Mikrosatelliten-Markern. Diese bestehen aus sog. Tandem-Repeats kurze Sequenzabschnitte, wie z. B CA und sind hochgradig polymorph für verschiedene Tiere. Bei den ingezüchteten Labormausstämmen sind alle Mitglieder eines Stammes homozygot für ein Markerallel (Strachan/Read, 1999). Unterscheiden sich die beiden gekreuzten Stämme in dem Marker eines Genortes, kann man in der F2-Generation mit dieser Methode erfassen, welches Allel vom Bl10- bzw. SJL-Tier vererbt wurde. Die Auswertung der Mikrosatellitenmarker erfordert zuerst eine Amplifizierung der DNA durch die Polymerase-Kettenreaktion. Anschließend erfolgt eine Auftrennung der Marker nach ihrer Fragmentlänge in einer Gelelektrophorese. Die einzelnen Schritte sollen nun im Folgenden erläutert werden.

3.1.1 DNA-Probenvorbereitung zur PCR

Die DNA-Menge der Proben aus Wien betrugen etwa 30 µl Probenmaterial unterschiedlicher DNA-Konzentration pro Tier.
Zur Probenvorbereitung wurden die DNA auf eine Konzentration 25 ng/µl eingestellt und anschließen in 96- well-Mikrotiterplatten, sog. Mutterplatten, verteilt. Aus diesen wurden anschließend Verdünnungsplatten mit einer DNA-Konzentration von 5 ng/µl hergestellt, von denen je 5µl auf die sog. Tochterplatten verteilt wurden. Diese Tochterplatten wurden getrocknet und konnten so bis zur Verwendung für die PCR-Reaktion aufbewahrt werden. Zu Beginn dieser Arbeit nahm ich die Verteilung der DNA auf Mutter- und Tochterplatten noch per Hand vor. Später stand zur Generierung der Mutterplatten ein TECAN®-Pipettierroboter zur Verfügung. Dieser verfügt über die Möglichkeit zur photometrischen Messung der DNA-Konzentration in einer 96-well Platte und einer automatischen Einstellung der gewünschten Konzentration von 25 ng/µl in den Mutterplatten. Die weitere Verteilung der Proben auf Tochterplatten konnte später mit Hilfe eines Hydra®-Pipettierautomaten mit 96 Dosierspritzen erfolgen. Auch die Verteilung des Master-Mixes (Reaktionsgemisch aus dNTPs, Puffer, Primern und Polymerase) für die PCR-Reaktion auf die 96-well-Platten konnte mit dem TECAN®-Pipettierroboter vorgenommen werden. Dies führte zu einer deutlichen Qualitätsverbesserung, welche

sich in der Ausbeute an verwendbaren Mikrosatelliten-Markern zeigte, wie in Tabelle 4 im Anhang nachzuvollziehen ist.

3.1.2 Polymerase Chain Reaction (PCR)

Die PCR-Methode erlaubt die gezielte Amplifikation eines bestimmten Sequenzabschnittes aus der kompletten genomischen DNA. Voraussetzung dafür ist, dass vorher schon Informationen über die Basenabfolge des zu amplifizierenden Abschnitts vorliegen. Anhand dieser werden zwei Oligonucleotid-Primer synthetisiert, welche spezifisch an flankierende Regionen der Zielsequenz binden können. Im nächsten Schritt wird die DNA durch Erhitzen in Einzelstränge denaturiert, um eine Primerbindung zu ermöglichen. Nach der Zugabe einer hitzestabilen DNA-Polymerase und DNA-Vorläufer-Molekülen (die vier Desoxynucleosidtriphosphate dATP, dCTP, dGTP und dTTP) initialisieren die Primer die Synthese neuer, komplementärer DNA-Stränge. Diese dienen in den weiteren Reaktionen als Matrize für erneute Syntheseschritte und am Ende von etwa 35 Zyklen erhält man ca. 10^5 Kopien der ursprünglichen Zielsequenz.

Die Zyklen bestehen aus folgenden Teilschritten:
- Denaturierung des DNA-Doppelstrangs in Einzelstränge bei 93-95°C
- Anheften von Primer an DNA-Matrize bei Temperaturen von 50-70°C
- DNA-Synthese bei Temperaturen von 70-75°C

Die verwendeten hitzestabilen Polymerasen stammen aus Mikroorganismen, deren natürlicher Lebensraum sich in heißen Quellen befindet. Die häufig verwendete Taq-Polymerase z.B. stammt aus dem Bakterium *Thermophilus aquaticus,* ist bis zu 94 °C hitzestabil und hat eine optimale Arbeitstemperatur bei 80°C (Strachan/Read, 1999).

Bei dem Einsatz eines sog. Touchdown-PCR-Programms beginnt man bei einer Temperatur oberhalb der errechneten idealen Annealing-Temperatur und erniedrigt diese während der Zyklen schrittweise bis zu einer Temperatur unterhalb des Optimums. Dadurch soll eine unspezifische Primerbindung insbesondere zum Beginn der PCR-Reaktion verhindert werden.

- PCR-Ansätze

		Ansatz

		(15µl)
Ausgangs-DNA (genomisch)	2ng/l	1µl
Desoxytri-nukleotid-phosphate	2,5mmol/l	0,3µl
1.Primer	10µmol/l	0,5µl
2.Primer	10µmol/l	0,5µl
Taq-DNA-Polymerase	0,6U/Ansatz	0,07µl
PCR-Puffer	1/10 Reaktions-volumen	1,5µl
Aqua bidest	Add. Reaktions-volumen	11,7µl

Es erfolgte der Ansatz eines sog. „Master-Mixes" in der 100fachen Menge, welcher in Portionen von je 15 µl auf die Tochterplatte mit der DNA verteilt wurde.

- Amplifikation im Thermocycler

Touchdown-PCR-Programm von 61°C bis 55 °C

Denaturieren	94 °C, 3'
1. Zyklus (3x)	94 °C, 30''
	61 °C, 45''
	68°C, 1'
2. Zyklus (3x)	94 °C, 30''
	59 °C, 45''
	68 °C, 1'

3. Zyklus (3x)	94 °C, 30''
	57 °C, 45''
	68 °C, 1'
4. Zyklus (32x)	94 °C, 30''
	55 °C, 45''
	68°C, 1'
5. Ende	68 °C, 15'
	15 °C, 10'

- Kontrolle der PCR-Produkte durch Agarosegelelektrophorese

Die Überprüfung einer PCR-Reaktion auf erfolgreiche Amplifikation bzw. der Ausschluss von Verunreinigung mit Fremd-DNA geschieht durch eine Agarosegel-Elektrophorese.
Für die Herstellung eines Agarosegels wird die Agarose in 1xTBE aufgekocht, auf 50 °C abgekühlt und mit 0.02 µl Ethidiumbromid / ml versetzt. Die Lösung wird anschließend in horizontale Gelträger gegossen, in denen mit einem Kunststoffkamm Taschen ausgespart sind. In diese werden später die mit einem sog. Load-Mix vermischten PCR-Produkt gefüllt.
Als Laufpuffer für die Elektrophorese dient 1xTBE.
Je nach der zu erwartenden Fragmentgröße kann die Konzentration der Agarose im Gel verändert werden (je höher die Agarosekonzentration, desto kleinere Fragmente können aufgetrennt werden).
Für die Analyse der Mikrosatelliten wurde eine Agarosekonzentration von 1.6 % verwendet.

Agarose	0,8 g
1xTBE-Puffer 89mM Tris, 89 mM Boric acid, 2mM EDTA)	5 ml
Ethidiumbromid	45 ml

Das im Gel enthaltene Ethidiumbromid interkaliert in die DNA und ermöglicht anschließend die Detektion der Fragmente mit UV-Licht. Durch das Anlegen einer Gleichspannung erfolgt die Auftrennung der DNA-Fragmente im elektrischen Feld entsprechend ihrer Größe. DNA ist negativ geladen und wandert daher im elektrischen Feld zur Anode. Die UV-Detektion ermöglicht die

Darstellung spezifischer Banden bzw. eventuell vorhandener Verunreinigungen. Es wurde eine Spannung von 100 V angelegt und eine Laufdauer von 30 min gewählt.

3.1.3 Mikrosatelliten-Analyse mittels denaturierender Gelelektrophorese

Zur Detektion der unterschiedlich großen Mikrosatelliten müssen diese zuerst in einer weiteren PCR-Reaktion vervielfacht werden, damit man eine ausreichende Signalintensität erhält. Dafür werden mit einem Fluoreszenz-Farbstoff markierte Primer verwendet. Diese ermöglichen später eine Unterscheidung der Fragmente entsprechend ihrer Farbmarkierung. Es stehen 4 verschiedene Farbstoffe zur Verfügung: HEX, FAM, NED bzw. TET. Nach einer Anregung durch einen Laser strahlen diese Fluoreszenzspektren unterschiedlicher Wellenlänge ab.

Zur Analyse werden die Fragmente entsprechend ihrer unterschiedlichen Farbe und Größe in sog. „Panels" zusammengefasst. Pro Panel werden von jedem Mikrosatelliten je 4 µl PCR-Produkt zusammengeführt und mit 10 µl Wasser verdünnt und davon 4µl für die Analyse eingesetzt.

Die markierten PCR-Produkte werden durch Elekroinjektion in eine mit einem denaturierenden Polymer (harnstoffhaltig) gefüllte Kapillare des Sequenziergeräts geladen. Durch das Anlegen einer Spannung wandern die DNA-Fragmente entsprechend ihrer Größe mit unterschiedlicher Geschwindigkeit (je kleiner das Fragment, desto größer seine Wanderungsgeschwindigkeit) durch das elektrische Feld. Am Detektionsfenster erfolgt die Anregung der Fluoreszenzfarbstoffe durch einen Laser. Eine CCD-Kamera zeichnet dabei die unterschiedlichen Emissionsspektren auf. Eine Größenbestimmung in Basenpaaren (bp) wird durch den Einsatz eines internen Standards mit Fragmenten bekannter Länge (markiert durch einen weiteren Farbstoff: ROX, bzw. TAMRA) ermöglicht. Anhand dessen berechnet die Software die Größe der detektierten Fragmente.

Die Datenaufzeichnung erfolgt durch die GeneScan®-Software. Zur weiteren Auswertung der gewonnenen Daten wurde die Genotyper® Software eingesetzt. Diese ermöglicht die Erstellung eines Makros zur Datenanalyse. Für jeden Marker wird eine Kategorie definiert, welche die Allelgrößen (mit einer Schwankungsbreite von +/- 3bp) und die Farbmarkierung enthält. Als Kategoriename wurde der Markername benutzt. Zusätzlich ermöglicht das Programm eine Filterung der Daten, bei der dem eigentlichen Marker vorauslaufende „Peaks" verworfen werden.

Als nächstes werden die so gewonnenen Daten in eine Tabelle zusammengefasst. Hierbei werden jeder Probe die gefundenen Markerallele zugeordnet. Eine Weiterbearbeitung der Tabellen erfolgte mit dem

Microsoft-Excel-Programm. Hierbei erfolgte die Zuordnung der Genotypen der Proben zu jedem Marker.

- Probenvorbereitung

Formamid	12 µl
PCR-Produkt	4 µl
Längenstandard	1 µl

für 2 min bei 90 °C denaturieren

- Laufbedingungen:

Elektrophoresetemperatur: 60°C, Dauer eines Laufs: 35 min
Kapillare (ABI310/ABI3100): L_t = 47 cm, i.d. = 50 µm

- Datenanalyse

GeneScan® Analysis Software und Genotyper 2.

Die statistische Analyse der gewonnenen Daten erfolgte im Max-Delbrück-Center (Berlin) mit Hilfe des Mapmaker/QTL Version 1.1. Hierbei wurden Markerregionen mit einem LOD-Score über 2 als mögliche Genorte für ein Kandidatengen in Betracht gezogen.

3.2. Suche nach dem Kandidatengen

Die Suche nach dem Kandidaten-Gen begann mit einer Suche nach bekannten Genorten in der Nähe eines statistisch signifikanten Markers. Dafür wurde das BLAT-Modul der UCSC Datenbank zu Hilfe genommen; in dieser sind die bekannten Genorte den Markern zugeordnet (siehe Graphik 2 im Anhang).
Die Sequenz des Kandidatengens wurde dann über die NCBI-Datenbank ermittelt. In dieser sind bereits bekannte Sequenzdaten des Mausgenoms frei öffentlich zugänglich. Die Datenlage für das Mausgenom

ist dabei gut, für die meisten Chromosomen sind valide Informationen bereits vorhanden. Anhand der Referenzsequenz aus der BLAST-Recherche wurden die Primer für den Sequenzabschnitt des Kandidatengens ausgesucht (siehe Graphik 1 im Anhang).

3.2.1 Generierung der Primer und Amplifikation

Zur Generierung eines geeigneten Primers stehen im Internet verschiedene Programme zur freien Verfügung; ich verwendete das Primer3-Programm. Dieses benötigt die Angabe der Basenabfolge der gewünschten Sequenz und eine Markierung des zu amplifizierenden Abschnittes. Aus diesen Informationen werden verschiedene mögliche Primer-Sequenzen ermittelt. Eine ausgewählte Primersequenz wird direkt in ein Bestellformular einer Nucleotidsynthese-Firma übertragen. Mit den neusynthetisierten Primern erfolgt eine PCR-Reaktion.

- PCR-Bedingungen:

Denaturieren	94 °C, 1'
1. Zyklus (4x)	94°C, 45''
	62-58°C, 45''
	62°C, 1'
2.Zyklus (29x)	94 °C, 45''
	58 °C, 45''
	68 °C, 1''
Ende	68 °C, 5'
	15°C, 15''

Bevor das PCR-Produkt in einer Sequenzierreaktion eingesetzt werden kann, muss es zuerst noch aufgereinigt werden, um die überschüssigen Nukleotide zu entfernen.

- Aufreinigung des PCR Produktes mit QIA®-quick Purification Kit
Die DNA wird bei hohen Salzkonzentrationen ionisiert und an eine Säule gebunden. In einem anschließenden Waschschritt werden die nichtgebundenen Nukleotide entfernt. In einem

Eluationsschritt löst eine Pufferlösung die DNA wieder von der Säule. Das aufgereinigte Produkt kann nun sequenziert werden.

3.2.2 Sequenzierung des Kandidatengens (Kettenabbruchmethode nach Sanger)

Zur Sequenzermittlung werden in der PCR-Reaktion neben den Desoxynucleotiden (dNTPs) noch Didesoxynucleotide (ddNTPs) eingesetzt.

Den ddNTPs fehlt jeweils eine Hydroxygruppe an der 3'-und der 2'-Position. Damit können sie zwar eine Phosphodiesterbindung über ihr 5'-C-Atom mit dem 3'-C-Atom des vorherigen dNTPs eingehen, die fehlende 3'-OH-Gruppe verhindert jedoch die Bindung eines weiteren Nucleotids; es kommt zum Kettenabbruch. Zur Sequenzierung werden die unterschiedlich fluoreszenzmarkierten ddNTPs in einer viel niedrigeren Konzentration eingesetzt als die dNTPs. Daher liefert der Kettenabbruch viele unterschiedlich große Fragmente mit je einem Farbstoff-markierten Ende. Von dem kürzesten Fragment ausgehend lässt sich nun anhand der markierten Nucleotide die Basenabfolge der Sequenz ablesen.

Die Methode des Cycle-Sequencing oder der linearen Amplifikation ermöglicht eine höhere Qualität der zu untersuchenden Einzelstrang-DNA. In zwei verschiedenen PCR-Reaktionen wird entweder der Forward- oder der Reverse-Primer eingesetzt, dadurch erhält man Einzelstrang-DNA von einer höheren Reinheit als durch Hitze-Denaturierung (Strachan/Read, 1999).

- Sequenzierreaktion mit BigDye^{TM} Terminatoren

Prinzip

Das gereinigte PCR-Produkt wird in einer erneuten PCR-Reaktion als Einzelstrang vervielfältigt, indem in der Reaktion entweder der Forward- oder Reverse-Primer eingesetzt wird.

Eingesetzt für einen PCR-Ansatz á 10 µl

Premix (ABI PRISM®)	2 µl
Aufgereinigtes PCR-Produkt	2µl
Primer (forward oder reverse)	1µl
Aqua bidest	5µl

PCR-Bedingungen:

Zyklus (24x)	96 °C, 10''
	55°C, 10''
	60 °C, 2'

- Abtrennen der überschüssigen BigDye-Terminatoren mit DyeEx™ Spin Kit (Qiagen)

Prinzip

Die nichtgebundenen Terminatoren werden in einem Gelfilter in präformierten Poren zurückgehalten, während die DNA-Stränge das Gel durchwandern können.

- Sequenzanalyse im ABI® Genetic Analyzer

Probenvorbereitung

20 µl Formamid und 4 µl PCR-Produkt werden gemischt und bei 90 °C denaturiert

Laufbedingungen

Temperatur 55 °C, Dauer eines Laufs: 36 min

Datenanalyse

ABI® Data Collection Software 3.0.0 und ABI Prism® DNA Sequencing Analysis Software™ 3.7

3.2.3 Auswertung der Sequenzierung

Die Auswertung der Sequenzanalyse erfolgt mit der Chromas®-Software. Hierfür werden die Ergebnisse der Elektrophorese in das Chromas®-Programm importiert. Das Programm bezeichnet die detektierten Farbpeaks entsprechend der ddNTPs mit den Buchstaben A, T, C oder G. Unklare Peaks werden mit dem Buchstaben N markiert, hier ist eine manuelle Überprüfung der Rohdaten erforderlich. Die Sequenzdaten können in Form einer FASTA-Textdatei in das BLAST-Programm importiert werden. Hier erfolgt ein Vergleich der ermittelten Sequenz mit den Referenzdaten der Datenbank.

3.2.4 Promotorensuche

Bei der Transkription von Genen in mRNA spielen im 5`-Bereich des Gens gelegene Konsensussequenzen, sog. Promotoren eine wichtige Rolle. An diese binden Transkriptionsfaktoren, welche eine Abschrift der DNA in mRNA durch die Polymerasen ermöglichen. Mutationen innerhalb dieser Regionen können zu einer verminderten Genexpression führen (Passagre, 1994). Da die Promotoren hochkonservierte Basenabfolgen darstellen, ist es möglich, innerhalb einer DNA-Sequenz eine Voraussage über möglicherweise vorhandene Promotorregionen zu treffen. Zur Suche nach möglichen Promotorregionen des Kandidatengens wurde die Referenzsequenz aus der NCBI-Datenbank eingesetzt. Dabei wurde ein Bereich von mehreren 100 bp ausgesucht, welcher vor der kodierenden Region des entsprechenden Gens lag. Diese Daten wurden anschließend in das Promotoren-Suchprogramm Fruitfly importiert.

Das Programm arbeitet mit Hilfe einer sog. Neural Network Promotor Prediction (NNPP). Dabei sucht es die Sequenz nach den bekannten Elementen eines Promotors ab und gibt wahrscheinliche Regionen mit einer Korellationskoeffizienten zwischen 0 und 1 an (Reese, 1994).

Es werden zwei Regionen mit einem hohen Korrelationskoeffizienten ausgesucht und mit entsprechend großen flankierenden Sequenzabschnitten in das Primersuchprogramm Primer3 importiert. Es folgt eine Sequenzierung der Regionen im Hinblick auf mögliche Mutationen innerhalb dieser Abschnitte, welche einen Einfluss auf die Expression des Kandidatengens haben könnten.

4. Ergebnisse

4.1 Genkartierung mittels Mikrosatellitenmarkern

Mikrosatelliten finden sich über das ganze Genom verteilt und sind hochgradig polymorphe Marker. Sie bestehen meist aus sog. Tandem-Repeats, d.h. kurzen Sequenz-Wiederholungen. Dabei ist die Anzahl der Wiederholungen interindividuell sehr variabel und lässt sich daher zur Kartierung verwenden(Strachan/Read, 1999). Tiere eines Labormausstammes sind aufgrund der Inzucht homozygot für die Markerallele. Besitzt der SJL-Stamm an einem Genort ein anderes Allel als der Bl10-Stamm, kann man in den Filialgenerationen verfolgen, welches Allel weitervererbt wurde.

4.1.1 Kriterien für die Markerauswahl

Die Markerauswahl setzt unterschiedliche Allele im SJL- bzw. Bl10– Stamm voraus. Dabei konnte auf eine Liste von Markern zurückgegriffen werden, welche bereits früher zur Kartierung des *Dysferlin*-Gens verwendet worden waren. Die Ermittlung der zu erwartenden Fragmentlänge der Allele erfolgte aus Angaben der Mouse Genome Database der Jackson Laboratories, USA bzw. durch Einsatz der DNA reinerbiger SJL- und Bl10-Tiere und anschließender Gelelektrophorese der PCR-Produkte. Bei der Etablierung der PCR-Methoden stellte sich heraus, dass mit den von dem Berliner Labor empfohlenen Temperaturbedingungen keine ausreichend reinen Produkte generiert werden konnten. In einem Gradientenprogramm wurde daher eine optimale Annealing-Temperatur für die verschiedenen Marker ermittelt. Dabei variierten die gefundenen Temperaturoptima zwischen 55 und 65°C.

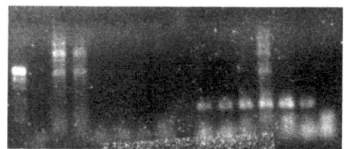

4.1 Temperatur-Gradient 55-65°C bei Marker D11Mit222 und D11Mit139

Marker D11Mit222 zeigte nur 2 unspezifische Produkte bei 57°C und 59°C, er wurde daher verworfen, Marker D11Mit139 lieferte bei 61°C ein reines Produkt

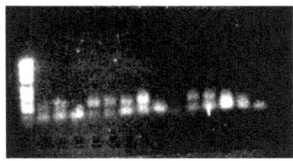

4.2 PCR-Kontrolle für Panel 4
es zeigen sich reine Produkte für alle eingesetzten Marker

Bei der Anzahl der verwendeten Primer wäre unter diesen Bedingungen eine ökonomische Arbeit nicht möglich gewesen. Durch die Etablierung eines Touch-down-PCR-Programmes konnte die Qualität der PCR-Produkte verbessert werden. Zur Kartierung wurden 58 informative Marker ausgesucht und zu Panels aus je 4-6 Markern unterschiedlicher Größe und Fluoreszenzmarkierung zusammengestellt. Zur Zusammensetzung der Panels möchte ich auf die Tabelle 3 im Anhang verweisen.

Zur nochmaligen Überprüfung der Markerinformativität erfolgte zuerst ein Einsatz der DNA reinerbiger SJL- bzw. Bl10- Tieren. Die folgenden Bilder zeigen exemplarisch die Fluoreszensdetektion des Markers D12Mit4.

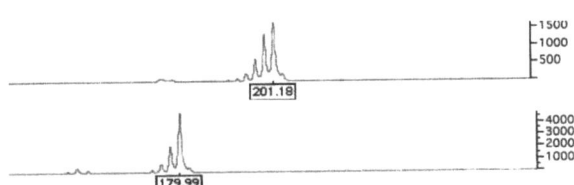

4.3. Fluoreszensdetektion des Markers D12MIT4
Der Marker ist informativ: oben die Fragmentgröße für das Bl10-Tier, unten für das SJL-Tier. Man sieht weiter die Vorpeaks, die dem eigentlichen Markerpeak vorausgehen.

Zur Kartierung wurden 184 homozygot *Dysferlin*-negativmutierte Tiere verwendet; DNA-Proben aus der SJL-/Bl10-Großelterngeneration wurden als Kontrollen mitgeführt.

Die Analyse erfolgte in zwei 96-well-Platten mit je 92 Proben der homozygot *Dysferlin*-negativen

Tiere und 2 Proben der reinerbigen Bl10- bzw. SJL-Tieren. Anfangs musste ich die Mutterplatten noch per Hand pipettieren und somit wies die Konzentration der DNA-Proben Schwankungen auf. Auch bei der weiteren Verteilung auf Tochterplatten mit einer 8-Kanal-Pipette konnten Mengenunterschiede nicht komplett vermieden werden. Dies führte dazu, dass bei der Analyse ersten 92 Tieren die Auswertbarkeit der einzelnen Marker-Panels erheblich zwischen den Tochterplatten schwankte. Später wurde der Einsatz einer photometrischen DNA-Konzentrationsmessung mit dem TECAN®-Pipettieroboter möglich, dadurch konnten die DNA-Konzentrationen in der zweiten Mutterplatte durch Verdünnung aneinander angeglichen werden. Die Verteilung auf Tochterplatten erfolgte anschließend mit einem HYDRA®-Pipettierautomaten.

Dies alles bedeutete jedoch einen erheblichen Zeitaufwand und auch einen Verlust an Probenmaterial. Da jedoch nur etwa 30 µl Probenmaterial pro Maus zur Verfügung standen konnten nur ein Teil der ursprünglich ausgesuchten Marker zur statistischen Auswertung verwendet.

4.1.2 Auswertung der Mikrosatelliten

Die Auswertung der Mikrosatelliten erfolgte mit Hilfe des Genotyper®-Programms. Dieses bezeichnet die Markerpeaks mit dem Namen des Mikrosatelliten und der Fragmentgröße in Basenpaaren. Diese Informationen wurden für jede DNA-Probe in Tabellenform zusammengefasst.

Category`s Name	Peak1	Peak2

Als nächstes wurden in einer Excel-Tabelle jedem Mikrosatelliten die entsprechenden Haplotypen der Maus zugeordnet. Dabei wurden die Allelgrößen durch den Buchstaben A für Homozygotie für das SJL-Allel, B für Homozygotie für das Bl10-Allel bzw. H für Heterozygotie ersetzt. Schließlich wurden die Ergebnisse der Marker-Analyse der einzelnen Tiere noch mit deren PK-Wert zusammengefasst und es folgte die statistische Auswertung.

4.2 Statistische Auswertung der Marker

Bei der Untersuchung der Mäuse waraufgefallen, dass die homozygot *Dysferlin*-negativen Mäuse alle einen erhöhten PK-Wert im Blut aufwiesen. Die PK-Werte der Mäuse wurden in die statistische Auswertung der Mikrosatelliten . Es erfolgte eine nichtparametrische Berechnung mit Hilfe des Programms Mapmaker/QTL Version 1.1 Bei den Ergebnissen der statistischen Analyse ergibt ein LOD-Score über 2 einen Hinweis auf eine mögliche Kopplung (*suggestive linkage*). Demnach liegt an diesen Genorten möglicherweise ein Modifier vor.

Es fanden sich mehrere Mikrosatelliten mit LOD-Scores über 2, nämlich auf den Chromosomen 4,11,13,17 und 18.

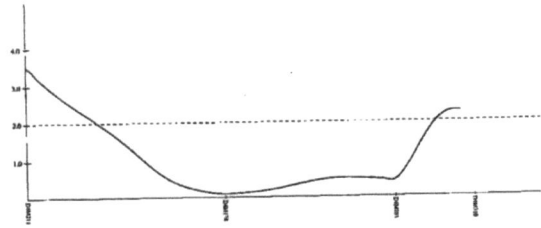

Chromosom 4
Marker D4Mit211, D4Mit178, D4Mit213, D4Mit310

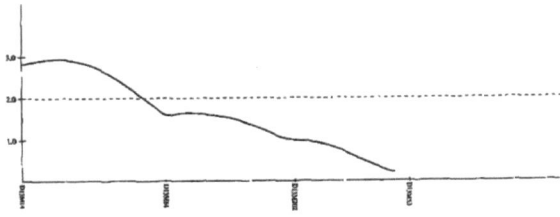

Chromosom13
Marker D13Mit14, D13Mit64, D13Mit202, D13Mit53

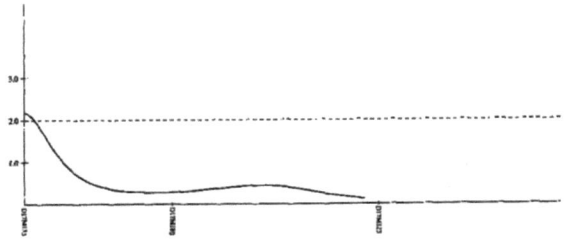

Chromosom 17
Marker D17Mit133, D17Mit180, D17Mit123

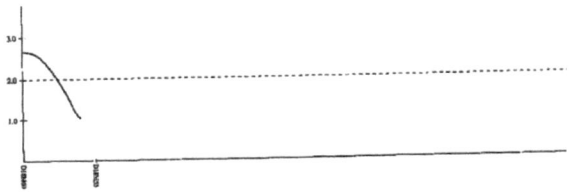

Chromosom 18
Marker D18Mit64,, D18Mit55

Besonders auffällig war dabei der Marker D11Mit99 mit einem LOD-Score von 3.8.

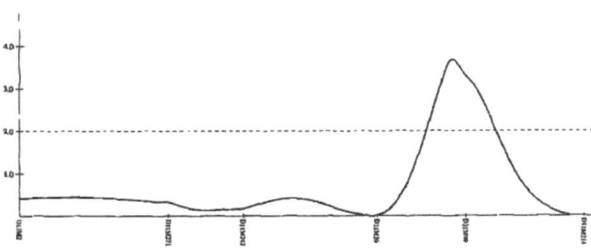

Chromosom 11
Marker D11Mit2, D11Mit271, D11Mit242, D11Mit36, D11Mit99, D11Mit214

4.3 Suche und Analyse eines Kandidatengens

4.3.1 Telethonin als mögliches Kandidatengen

Aufgrund des auffällig hohen LOD-Scores des Markers D11Mit99 erfolgte eine Suche nach bekannten Genorten auf dem Chromosom 11, welche sich in der Nähe des Markers befinden. Die Suche mit Hilfe der UCSC-Datenbank, die die bekannten Genorte in Bezug zu den Mikrosatellitenmarkern stellt, gab eine enge Lokalisation zum Genort von *Tcap* an (Abstand weniger als 1 Megabase). Zur Verdeutlichung möchte ich auf die Darstellung in Graphik 2 im Anhang verweisen. Da eine Mutation des menschlichen Orthologs *Telethonin* ebenfalls zu einer Gliedergürtel-Muskeldystrophie führt wurde das *Tcap*-Gen zur Mutationssuche sequenziert (Moreira et al., 2000).

4.3.2 Analyse des Kandidatengens

Über eine NCBI-Datenbanksuche wurde die genomische Sequenz von *Mus musculus tcap* ermittelt (Eintrag AC064803: Mus musculus chromosom 11 clone RP23-16G14 map 11).

Die gefundenen Sequenzangaben wurden zu der Generierung von 3 Primerpaaren durch das Primer3-Programm verwendet. Dabei wurden diese so gewählt, das Exon 1 komplett und das Exon 2 durch zwei sich überlappende Produkte (Exon 2a und Exon 2b) dargestellt werden.
Die Sequenzierung des Introns erfolgte durch die Verwendung des Forward-Primers von Exon1 und des Reverse-Primers von Exon 2a (siehe Graphik 1 im Anhang).

- Primersequenzen

Tcap-Exon 1
Forward-Primer: 3'-ccagaggggctgaaaatagc-5'
Reverse-Primer: 3'-cagaaacttcaggggcttgt-5'

Tcap-Exon2a
Forward-Primer: 3'-ccacttagcccaagaccaga-5'
Reverse-Primer: 3'-caccccaaccacaaagaaag-5'

Tcap-Exon2b
Forward-Primer: 3'-gtggctgagatcacaaagca-5'
Reverse-Primer: 3'-ccagccaaggattgattctg-5'

Programm zur Ermittlung der Primersequenzen
Primer 3: http://www.genome.wi.mit.edu/cgi-bin/primer/primer3

Zur Mutationssuche im *Telethonin*-Gen wurde die DNA der reinerbigen SJL- und C57Bl10-Mäusen sequenziert. Anschließen wurden die beiden Sequenzen Hilfe des Orogrammmoduls BLAST -2 - Sequences miteinander verglichen, um eventuelle Unterschiede zwischen den beiden Stämmen zu finden. Dabei fanden sich keine Abweichungen zwischen den beiden Mausstämmen. In einer weiteren BLAST-Suche wurde die eigene Sequenz mit der Referenz-Sequenz (Eintrag AC064803) in der Datenbank abgeglichen. Auch hier fand sich eine völlige Übereinstimmung.
Damit war eine Mutation innerhalb der codierenden Region bzw. im Intronbereich des *tcap*-Gens als Ursache für eine verminderte Funktion des Proteins ausgeschlossen.

4.3.3 Mutationssuche in möglichen Promotorregionen

Eine weitere Möglichkeit für eine verminderte Expression des Gens liegt in einer Mutation innerhalb der Promotorregion. Daher untersuchte ich im nächsten Schritt mögliche Promotorregionen auf

Abweichungen von den Sequenzdaten der NCBI-Datenbank.
Mit Hilfe des Promotorsuchprogrammes Fruitfly wurden verschiedene mögliche Regionen ausgesucht. Diese 1 angibt (Reese, 1994.Es wurden zwei mögliche Promotorsequenzen mit einem hohen Korellationskoeffizienten ausgewählt und anschließend sequenziert.

Promotoren

Promotor 1:
Score: 0.95
Sequenz: 3'ccagaggggctgaaaatagcccctggagaagggggagagggggaagaagg5'

Promotor 2:
Score 0,99
Sequenz:
3'catgattatataaaatagagccagcttgaggctggtctggatctcctaac5'

Programm zu Ermittlung der Promotoren:
http://www.fruitfly.org

Primersequenzen

Promotor 1:
Forward-Primer: 3'-ggaaggaaggaagagaaaggaa-5'
Reverse-Primer: 3'-gcatggagagaaacactgtgag-5'

Promotor 2:
Forward-Primer: 3'-tttgaaagctgacctctgacct-5'
Reverse-Primer: 3'-gaagtggtccatgatttctgatt-5'

Programm zur Ermittlung der Primersequenzen:
Primer 3: http://www.genome.wi.mit.edu/cgi-bin/primer/primer3

Die Sequenzierung der beiden Promotorregionen ergab bei dem Vergleich mit der NCBI-Datenbank keinerlei Unterschiede zur Referenzsequenz. Damit konnte eine verminderte Expression durch einen Mutation innerhalb dieser Regionen ausgeschlossen werden.

5. Diskussion

Das Ziel der vorliegenden Arbeit war die Suche nach modifizierenden Genen der Dysferlinopathien LGMD2B und Myoshi Myopathie anhand eines Tiermodells. Es erfolgte zunächst eine positionelle Suche mittels einer Kopplungsanalyse von Mäusen, welche durch ein Kreuzungsexperiment zwischen einem *Dysferlin*-mutierten(SJL) und –gesunden (C57/Bl10) Mausstamm gewonnen wurden. Vor diesem neuen genetischen Hintergrund sollte eine Suche nach modifizierenden Genen erfolgen welche einen krankheitsverstärkenden Einfluss haben. In einem nächsten Schritt erfolgte eine funktionelle Suche nach einem Kandidatengen. Hier fand ich das Gen *Telethonin,* welches für ein weiteres Muskelprotein kodiert. Diese untersuchte ich über eine Sequenzanalyse auf Mutationen sowohl im Bereich der kodierenden Sequenz als auch der Promotorenregionen. Eine Telethonin-Mutation als modifizierender Einfluss auf das Krankheitsbild der Dysferlinopathien konnte ausgeschlossen werden.

5.1 Experimentelles Vorgehen

5.1.1 Dysferlinopathien bei Mäusen - die SJL-Maus

Als Tiermodell für das genauere Verständnis der molekulargenetischen Grundlagen der Dysferlinopathien wird der SJL-Mausstamm genutzt. Ursprünglich wurde dieser zur Erforschung induzierter Autoimmunerkrankungen eingesetzt. Bei der Arbeit mit den Mäusen fiel weiter auf, dass deren Skelettmuskel eine erhöhte regenerative Fähigkeit aufwies und es zu einem spontanen Auftreten einer 'entzündliche Myopathie' mit begleitendem Kraftverlust kam. Eine histopathologische Untersuchung der Muskulatur zeigte Veränderungen, welche mit einer progressiven Muskeldystrophie vereinbar waren: degenerative und regenerative Veränderungen der Muskelfasern sowie eine fortschreitende Fibrosierung. Die ursächliche Mutation wurde innerhalb einer Region auf Chromosom 6 ermittelt, welche der Region 2p13 des menschlichen Genoms entspricht, innerhalb der sich das *Dysferlin*-Gen befindet. Die Untersuchung der Dysferlinexpression bei den Mäusen ergab eine signifikante Erniedrigung. Eine Gensequenzierung konnte den Nachweis einer 171 bp-Deletion innerhalb einer hochkonservierten Genregion erbringen, so dass von einer funktionell signifikanten Mutation ausgegangen werden kann. Als objektiver Parameter für die Erkrankungsschwere wurde die Expression des *Dysferlin*s im Muskelgewebe gemessen; diese ist bei den betroffenen Tieren um etwa

15% im Vergleich zu den gesunden Kontrolltieren erniedrigt (Bittner et al., 1999). Als individueller Messwert ist diese allerdings zu ungenau und auch analytisch zu aufwändig. Beim Menschen wird für die Schwere einer Muskelerkrankung das Muskelenzym Creatinkinase bestimmt; der Wert korreliert mit dem Ausmaß des Muskelzerfalls. Bei der Untersuchung der Creatinkinasewerte der SJL-Mäuse ließen sich jedoch keine erhöhten Werte nachweisen. Allerdings fand sich eine signifikante Erhöhung der Pyruvat-Kinasewerte, einem Glykolyseenzyms. Die gemessenen Werte lagen deutlich über der Normgrenze von 3 U/l und korrelierten mit der Erkrankungsschwere (siehe Abb. 1.6). Daher wurde der Pyruvat-Kinasewert als Parameter bestimmt. Als Glykolyseenzym ist die Pyruvat-Kinase allerdings in allen energieverbrauchenden Zellen vorhanden und nicht muskelspezifisch. Erhöhte Werte sind ein Marker für den Zellzerfall, der einerseits durch die Muskeldystrophie verursacht sein kann, andererseits aber auch durch eine Verletzung oder durch vermehrte körperliche Aktivität. Damit ist der gewählte Parameter sehr anfällig für äußere Einflüsse und wahrscheinlich zu ungenau für die Bestimmung der Krankheitsaktivität bei einer Maus.

5.1.2 Kreuzungsexperimentelle Vorgehensweisen

Bei der Suche nach modifizierenden Genen bei der SJL-Maus wurde ein so genannter „intercross" durchgeführt. Dabei wurde der *Dysferlin*-mutierte SJL-Stamm mit dem *Dysferlin*-gesunden C57/BL10Stamm gekreuzt und die Tiere der F1-Generation wiederum untereinander gekreuzt.

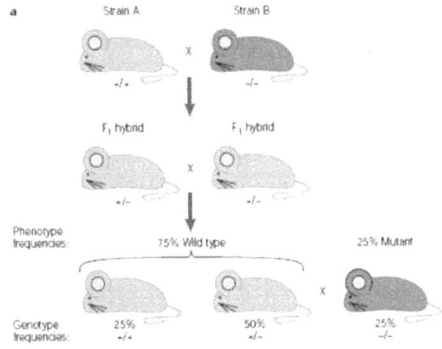

5.1 Kreuzungsschema eines intercrosses (Nadeau, 2001)
In der F2-Generation sind 25% der Tiere homozygot für die gesuchte Mutation

Zum Genom-Scan wurden dann die *Dysferlin*-mutierten F1-Tiere mit der schwereren Krankheitsausprägung (den höheren PK-Werten) ausgesucht. Damit ging man von einem so genannten negativen Modifier aus.

5.1.3 Quantitative Merkmale

Ein modifizierendes Gen kann auch als quantitatives Merkmal (Quantitative Trait, QT) beschrieben werden. Dieses lässt sich anders als ein Mendelsches Merkmal nicht auf zwei unterschiedliche Allele zurückführen: die phänotypische Variation wird hier entweder durch Umwelteinflüsse oder den genetischen Hintergrund bestimmt. Diese Variation kann als diskretes Merkmal (z.B. Tumoranzahl im Darm der MIM-Maus) beschrieben werden oder als kontinuierliches Merkmal wie Größe, Gewicht oder Blutdruck (Silver, 1995). Ein QTL (Quantitative Trait Locus) ist ein Genort, dessen Allele diese Merkmalsvariation beeinflussen. Diese Varianz ist meist multifaktoriell durch verschieden polymorphe Gene und Umwelteinflüsse bedingt (Nature reviews Genetics, 2003).

5.1.4 Probleme der Kopplungsanalyse bei komplex vererbten Merkmalen

Zu Beginn der genetischen Forschung stand die Untersuchung von monogen vererbten Merkmalen. Hierbei war eine direkte Assoziation von Genotyp und Phänotyp möglich und die Untersuchung des Erbgangs relativ einfach. Bei der Erforschung komplex vererbter Merkmale ist es jedoch notwendig, die Segregation aller mitverantwortlichen genetischen Regionen zu verfolgen. Eine Grundvoraussetzung hierfür war die Erstellung genetischer Karten aus polymorphen Markern. Weiter ergibt sich ein Problem aus dem Vorhandensein einer großen Anzahl möglicherweise Einfluss nehmender Genloci, der möglichen Interaktion zwischen den QTLs (Epistasis) und eventueller Umwelteinflüsse auf die Merkmalsausprägung.
Am Anfang der Suche steht also der Versuch diese Einflüsse möglichst gering zu halten. Experimentell macht man sich hierbei Inzucht-Populationen zunutze, deren genetischer Hintergrund bekannt und homogen ist. Durch Kreuzungsexperimente schafft man sich eine geeignete Population zur molekulargenetischen Suche nach den betreffenden Genloci.
Beim Intervall-Mapping wird eine genetische Karte als Grundlage für die Suche nach einem QTL

erstellt. Dabei begrenzen Markerpaare die Intervalle, welche in festgesetzten Abständen untersucht werden und statistisch auf die Wahrscheinlichkeit hin untersucht werden, ob ein QTL innerhalb dieses Intervalls vorhanden ist. Die Testergebnisse werden in LOD-Scores (Logarithm of the Odds) dargestellt: Hierbei wird die Wahrscheinlichkeit für das Vorhandensein eines QTL unter der Null-Hypothese (kein QTL) gegen die Alternativhypothese (QTL an der untersuchten Position) berechnet. Der Nachteil dieser Methode besteht darin, dass es sich um eine eindimensionale Suche handelt, bei der die Null-Hypothese und alternative Hypothese für jedes Intervall neu getestet wird. Hierbei können also gekoppelte oder interagierende QTL nicht berücksichtigt werden.

Die Suche nach QTLs wird vor allem innerhalb von ingezüchteten Populationen durchgeführt, da die Genetik hier relativ einfach ist: man muss nur zwei Allele an jedem Genlokus untersuchen; der elterliche Ursprung jedes Allels ist bekannt. Der genetische Test beruht also darauf, ob einer der Phänotypen der mit einem der drei möglichen Genotypen assoziiert ist, sich signifikant von den anderen unterscheidet. Die Einfachheit der Methode stellt gleichzeitig ihre größte Schwäche dar: die Kreuzungsexperimente bestätigten im großen und ganzen, dass komplexe Merkmale in Inzuchtstämmen eine einfache genetische Architektur aufweisen mit nur einer Handvoll Chromosomenregionen, welche mit einem untersuchten Merkmal assoziiert sind. Unglücklicherweise haben die darauf folgenden Versuche QTLs genauer zu kartieren eine bisher unterschätzte Komplexität enthüllt, welche die grobgerasterten QTL-Detektionsmethoden bisher nicht zu entdecken in der Lage waren. Zum einen repräsentiert ein ingezüchteter Organismus nur einen Bruchteil der ursprünglichen genetischen Varianz der Population - die hier gefundenen QTLs müssen längst nicht alle darstellen, welche in der Ursprungspopulation mit einem Phänotyp segregieren. Auch kann man nicht davon ausgehen, dass diese auch die am häufigsten vorkommenden sind. Dieser Punkt ist vor allem dann relevant, wenn man die Daten auf eine andere Spezies übertragen will, also zum Beispiel von den Erkenntnissen aus einem Labormausstamm Rückschlüsse auf Homologe beim Menschen ziehen will. Weiter werden bei einer Suche nach einem QTL genau genommen keine Gene kartiert sondern genetische Effekte, welche aus mehreren gekoppelten Genen kombiniert sein können, die innerhalb eines Abstands von ca. 30 cM beieinander liegen. Dabei können die Einzeleffekte sich zu einem großen Effekt addieren oder auch sich gegenseitig auslöschen und damit der Detektion entziehen. Zuletzt können auch Interaktionen zwischen den Loci schlecht erfasst werden, so genannte epistatische Effekte, bei denen der kombinierte Effekt zweier Loci ein weit größere Auswirkung hat als aus der Summe der beiden zu erwarten wäre (Flint/Mott, 2001).

5.1.5 Statistische Auswertung der Daten

Statistische Methoden gehen meist davon aus, dass die Merkmalsausprägung einer Normalverteilung folgt. In der Realität muss die Merkmalsverteilung jedoch als eine Mischung aus mehreren Verteilungen angesehen werden, wie folgendes Diagramm verdeutlicht. Hier findet sich in der F2-Generation eine Merkmalsverteilung, welche aus den beiden Merkmalen der Parental-Generation kombiniert ist (Doerge, 2002).

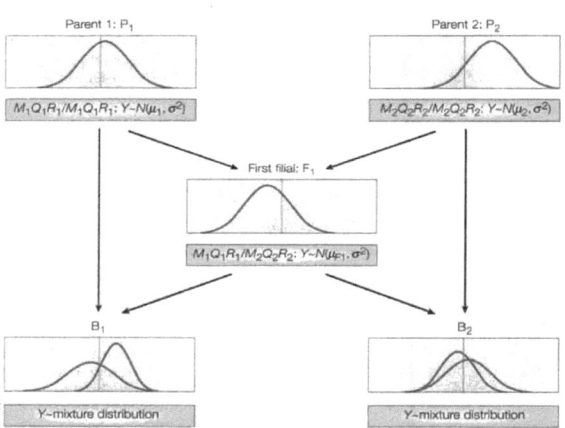

5.2 Merkmalsverteilung im Verlauf eines Kreuzungsexperiments (backcross) (Doerge, 2002)
In der F2-Generation findet sich eine Merkmalsverteilung im Sinne einer Kombination aus zwei Normalverteilungskurven

Bei der Auswertung der vorliegenden Daten wurde eine nichtparametrische Suche angewandt. Schwellenwerte mit einem LOD-Score > 2 wurden dabei als mögliche Genorte gewertet.

5.2 Die Suche nach einem Kandidatengen

5.2.1 Positioneller Ansatz

Zunächst erfolgte eine Kartierung der Mäuse mit einem geplanten Markerabstand von etwa 20 cM. Dieser Abstand soll eine möglichst genaue Erfassung von Rekombinationen ermöglichen. Durch Ausfall einiger Marker wurde jedoch der Intervallabstand stellenweise wesentlich höher, so dass einige Regionen in unserem Genomscan nicht abgedeckt waren. Grund dafür war einerseits die geringe Menge an DNA von den einzelnen Tieren, sowie technische Probleme bei der Aufbereitung der Proben (die Verwendung von einem Pipetierroboter und einer photometrischen DNA-Konzentrationsmessung führte zu einer deutlichen Zunahme der Probenqualität). Wie in Tabelle 2 verdeutlicht, ergaben sich hierbei teilweise Markerabstände von 30-40 cM. In der statistischen Auswertung der Marker fand sich nur für einen Marker ein signifikanter LOD-Score>2, nämlich ein LOD-Score 3,8 für den Marker D11Mit99.

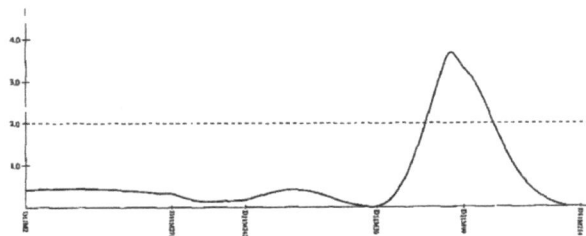

5.3 Markerauswertung für Chromosom 11
Der Marker D11Mit99 zeigt einen deutlichen Peak

5.2.2 Funktioneller Ansatz

Nachdem ein möglicher Locus für einen Modifier nahe dem Marker D11Mit99 auf dem Chromosom 11 gefunden worden war, führte ich eine Suche nach bereits bekannten Genen innerhalb dieses Chromosomenabschnittes in der Gendatenbank UCSC durch. Dabei hielt ich speziell nach Genen Ausschau, welche für Muskelproteine kodieren. Im Abstand von weniger als 1 MB findet sich hier der Genort für das Muskelprotein Telethonin (siehe Graphik 2 im Anhang). Von diesem ist bislang bekannt, dass es innerhalb der Muskelzelle mit Titin interagiert, welches eine tragende Rolle bei der

Architektur des Sarkomers spielt, wie folgendes Schema verdeutlicht.

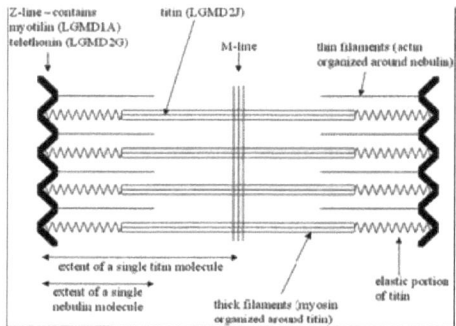

5.3 Schema der Interaktion verschiedener Anteile des Sarkomers (Bushby et al., 2001)
In Klammern stehen hierbei die Erkrankungen, welche mit Veränderungen der Proteine einhergehen

Eine Mutation innerhalb des Gens für Telethonin führt zur LGMD 2G: bei dieser entwickelt ein Teil der betroffenen Patienten eine distal betonte Muskelschwäche der Beine mit Beteiligung proximaler Muskelgruppen, während das klinische Erscheinungsbild anderer Patienten dem der LGMD 2A oder 2B ähnelt. Diese Variabilität des klinischen Erscheinungsbildes weist daraufhin, dass hier weitere genetische Einflüsse vorliegen könnten (Moreira et al., 2000).

Es erfolgte daraufhin eine Sequenzierung der kodierenden Gensequenz einschließlich flankierender Intronabschnitte des Homologons Tcap bei den reinerbigen Großeltern-Tieren. Hier ließ sich jedoch keine Mutation finden, die Sequenz entsprach der Referenzsequenz. Daraufhin führte ich eine Sequenzierung der Promotorregionen des Gens durch, da eine Mutation in diesem Bereich zu einer verminderten Genexpression führen und damit ebenfalls einen Funktionsverlust verursachen könnte. Es ließ sich jedoch keine veränderte Sequenz feststellen. Damit ist das Kandidatengen Telethonin als modifizierendes Gen auszuschließen.

Allerdings liegen noch einige andere bekannte Genorte in der Nähe des Markers D11Mit99. *Telethonin* wurde hauptsächlich aufgrund seiner bekannten Funktion im Muskelstoffwechsel ausgewählt. Es sollte daher eine weitere Feinkartierung der Region erfolgen, um gezielter die anderen Genorte zu untersuchen.

5.3 Funktioneller Ansatz zur Identifikation weiterer Kandidatengenen

5.3.1 Myoferlin als möglicher Modifier

Ein mögliches modifizierendes Gen stellt das *Myoferlin* dar, ein weiteres Mitglied aus der Familie der Ferline. Es wird diskutiert, ob die strukturelle Ähnlichkeit der beiden Proteine nicht eine Kompensation des Funktionsverlust des *Dysferlins* ermöglicht (Davis et al., 2000).

5.3.2 Interaktion von Caveolin-3 und *Dysferlin*

Weiter wurde eine Interaktion zwischen *Dysferlin* und *Caveolin-3* (LGMD 1C) beschrieben: im normalen Skelettmuskel coimmunopräzipierte *Dysferlin* mit *Caveolin-3*. Eine Reduktion von *Dysferlin* konnte in den Muskeln von LGMD 1C-erkrankten Patienten nachgewiesen werden (Matsuda et al., 2001). In einer anderen Studie konnte nachgewiesen werden, dass bei einigen Patienten die *Caveolin-3*-Expression durch den *Dysferlin*-Verlust beeinflusst wird. Diese Zusammenhänge variieren allerdings zwischen den einzelnen Betroffenen, so dass die genaue Interaktion noch nicht verstanden wird (Walter et al., 2003).

5.3.3 Aufklärung der *Dysferlin*-Funktion in der Zelle

Elektronenmikroskopische Untersuchungen ergaben vorwiegend Veränderungen im Bereich der Plasmamembran, welche darauf hinweisen, dass *Dysferlin* eine wichtige Rolle bei der strukturellen Integrität der Plasmamembran spielt. Unterstützt werden diese Vermutungen durch die Beobachtung, dass das *Dysferlin*-Signal in vesikel-ähnlicher Anordnung im Zytoplasma von Patienten mit LGMD 1C und Rippling-Muscle-Disease gefunden werden kann. Diese Erkenntnisse führen zu der Hypothese, dass *Dysferlin* eine tragende Rolle im Reparaturprozess spielt, welcher auf die krankheitsbedingte Destruktion durch die LGMD 1C und Rippling-Muscle-Disease folgt (Bushby/Laval, 2001). Welche Konsequenz sich aus dieser Erkenntnis ergibt, ist momentan noch nicht klar.

5.3.4 Anwendungsmöglichkeiten der Ergebnisse

Bei allen Einschränkungen, die man bei der Übertragung der Ergebnisse aus dem Tiermodell auf den Menschen machen muss, hat sich diese experimentelle Vorgehensweise doch etabliert.
Gerade das Verständnis der biochemischen Zusammenhänge in der Zelle lässt sich in mögliche Therapieansätze umwandeln. Vor allem in der Krebsforschung werden Mausmodelle schon seit über 10 Jahren eingesetzt. Anhand von Labormausstämmen mit angeborener Neigung oder Resistenz gegen bestimmte Tumorformen wurde eine Vielzahl von modifizierenden Genen bei der Tumorentstehung beschrieben. Dabei entdeckte man nicht nur das Vorhandensein von Tumor-fördernden und – hemmenden Geneffekten sondern auch epistatische Effekte zwischen Allelen. Die Beobachtung von Epistasis gibt Hinweise auf gemeinsame biochemische Pfade und eine weitere Erforschung der Genprodukte kann Erkenntnisse über die Proteininteraktionen in der Zelle bringen. Der Vergleich menschlicher Homologe der Krebs-modifizierenden Mausgene brachte bisher jedoch nicht den erhofften durchschlagenden Erfolg. Allerdings bereitet die Erforschung der Modifier bei den Mäusen den Weg zu einem genaueren Verständnis der biochemischen Zusammenhänge und eröffnet mögliche Wege zur Frühdiagnose, Chemoprävention und Therapie (Dragani/Tammaso, 2003).

Zusammenfassung

Hintergrund und Ziele

Die Gliedergürteldystrophien (Limb-Girdle Muscular Dystrophies, LGMD) stellen eine Form der dystrophen Muskelerkrankungen dar, welche vorwiegend die Muskeln des Gliedergürtels befallen. Die Dysferlinopathien sind ein Teil der autosomal-rezessiv vererbten Formen, bei denen das Muskelprotein *Dysferlin* betroffen ist. Es gibt zwei klinisch unterschiedliche Formen, die LGMD 2B bzw. die Myoshi Myopathie, welche jedoch auf dieselbe Genmutation zurückzuführen sind. Daher muss es andere Faktoren geben, die Einfluss auf die Krankheitsausprägung nehmen, wie z.B. weitere modifizierende Gendefekte.

Als Modellorganismus zur genetischen Untersuchung der Dysferlinopathien bietet sich die SJL-Maus an, ein Labormausstamm bei dem eine Mutation im *Dysferlin*-Gen nachgewiesen wurde. Als Maß für die Erkrankungsschwere wurde der Pyruvat-Kinase-Wert ermittelt. Anhand einer durch Kreuzungsexperimente gewonnenen Modellpopulation soll nach modifizierenden Genen gesucht werden.

Methoden

Es wurde die DNA von homozygot *Dysferlin*-mutierten Tieren untersucht. Zunächst erfolgte eine Mikrosatellitenkartierung der Mäuse, anschließend wurde unter Einbeziehung des Pyruvat-Kinasewertes der Mäuse eine statistische Berechnung der möglichen modifizierenden Genorte durchgeführt. Innerhalb eines statistisch signifikanten Chromosomenabschnittes erfolgte die Suche nach einem Kandidatengen, welches auf Mutationen innerhalb der codierenden Abschnitte bzw. der Promotorregionen hin untersucht wurde.

Ergebnisse und Beobachtungen

Aufgrund der Probleme bei der Datengewinnung der Kartierung konnte nur eine relativ grobe Untersuchung des Genoms erfolgen. Die statistisch gewonnenen Daten waren daher nicht eindeutig. Bei der Untersuchung des Kandidatengens konnte eine Mutation ausgeschlossen werden und das *Telethonin* als modifizierendes Genprodukt ausgenommen werden.

Praktische Schlussfolgerungen

Eine weitere Feinkartierung der bisher gefundenen Chromosomenabschnitte ist erforderlich, um die möglichen Kandidatengene weiter einzugrenzen. Auch die weitere Klärung der Funktion des Dysferlinproteins in der Zelle könnte weitere Hinweise auf mitbeteiligte Genorte bringen.

Literatur

1) Bashir R, Britton S, Strachan T, Keers S, Vafiadaki E, Lako M, Richard I, Marchand S, Bourg N, Argov Z, Sadeh M, Mahjneh I, Marconi G, Passos-Bueno R, Moreira E, Zatz M, Beckmann J, Bushby K, 'A gene related to Caenorhabidis elegans spermatogenesis factor fer-1 is mutated in limb girdle muscular dystrophy type 2B', 1998, Nature Genetics 20 : 37-42

2) Bittner R, Anderson L, Burkhardt E, Bashir R, Vafiadaki E, Ivanova S, Raffelsberger T, Maerk I, Höger H, Jung M, Karbasiyan M, Storch M, Lassmannn H, Moss J, Davison K, Harrison R, Bushby K, Reis, A, 'Dysferlin deletion in SJL mice (SJL-Dysf) defines a natural model for limb girdle muscular dystrophy type 2B', 1999, Nature Genetics 23 : 141-142

3) Bönnemann C, Hanefeld F, 'Differentialdiagnostisches Vorgehen bei sporadischen Muskeldystrophien vom Gliedergürteltyp im Kindesalter', 1999, Medgen 11 : 517-524

4) Bushby K, Laval S, 'Limb-girdle muscular dystrophies-from genetics to molecular Pathology', 2001, Neuropathology and Applied Neurobiology 30 : 91-105

5) Davis D, Delmonte A, Ly C, McNally E, 'Myoferlin, a candidate gene and potential modifier of muscular dystrophy', 2000, Human Molecular Genetics 9 :217-226

6) Doerge R, 'Mapping and analysis of quantitative trait loci in experimental populations',2002, Nature Reviews Genetics 3: 43-52

7) Dragani, Tommaso A, '10 years of mouse cancer modifier loci: human relevance', 2003 Cancer Research 63: 3011-3018

8) Flint J, Mott R, 'Finding the molecular basis of quantitative traits: successes and pitfalls', 2001, Nature Reviews Genetics 2: 437-445

9) Liu J, Aoki M, Illa I, Wu C, Fardeau M, Angelini C, Serrano C, Urtizberea J, Hentati F, Hamida M, Bohlega S, Culper E, Amato A, Bossie K, Oeltjen J, Bejaoui K, McKenna-Yasek D, Hosler B, Schurr E.Arahata K., deJong P, Brown R, 'Dysferlin, a novel skeletal muscle gene, is mutated in Myoshi myopathy, an limb girdle muscular dystrophy',1998, Nature Genetics 20 : 31-36

10) Matsuda C, Hayashi Y, Ogawa M, Aoki M, Murayama K, Nishino I., Nonaka I, Arahata K, Brown R, 'The sarcolemnal proteins dysferlin and caveolin-3 interact in skeletal Muscle', 2001, Human Molecular Genetics 10:1761-1766

11) Members of the complex trait consortium, 'The nature and identification of quantitative Trait loci: a community`s view', 2003, Nature reviews Genetics4:911-915

12) Moreira E, Wiltshire T, Faulkner G, Nilforoushan A, Vainzof M, Suzuki O, Valle G, Reeves R, Zatz M, Passos-Bueno M, Jenne D, 'Limb girdle muscular dystrophy 2G is caused by mutations in the gene encoding the sarcomeric protein telethonin',2000, Nature Genetics 24:, 163-166

13) Moreira E, Wiltshire T, Faulkner G, Nilforoushan A, Vaainzof M, Suzuki O, Valle G, Reeves R, Zatz M, Passos-Bueno M, Jenne D, 'Limb-girdle muscular dystrophy type 2 G Is caused by mutations in the gene encoding the sarcomeric protein telethonin', 2000 Nature Genetics 24 : 163-166

14) Nadeau, Joseph H, 'Modifier genes in mice and humans', 2001, Nature Reviews Genetics 2: 165-174

15) Neumeister B, Besenthal I, Liebich H, Böhm B O, 2003, `Klinikleitfaden Labordiagnostik`, 3. Auflage: 113

16) Neuromuscular Disease Center, Washington University, St Louis, MO USA, Homepage: http://neuromuscular.wustl.edu

17) Passagre, E. 'Taschenatlas der Genetik', 1994, Thieme Verlag Stuttgart : 202-203

18) Reese, M.G., Diploma Thesis, 1994, German Research Center, Heidelberg

19) Silver, Lee M, Mouse Genetics, Oxford University Press, 1995:1.3/3.2/7.1, figure 1.3/3.2

20) Strachan T, Read A, 'Human Molecular Genetics 2' ,1999, BIOS, Oxford : 119-123/130-134/163/367/605/627

21) Walter M, Braun C, Vorgerd M, Poppe M, Thirion C, Schmidt C, Schreiber H, Knirsch U, Brummer D, Müller-Felber W, Pongratz D, Müller-Höcker J, Huebner A, Lochmüller H, 'Variable reduction of caveolin-3 in patients with LGMD2B/MM',2003, Journal of Neurology 250 : 1431-1438

22) Weiler T, Bashir R, Anderson L, Davison K, Moss J, Britton S, Nylen E, Keers S,Vafiadaki E, Greenberg C, Bushby K, Wrogemann K, 'Identical mutation in patients with limb girdle muscular dystrophy type 2B or Myoshi myopathy suggests a role for modifier gene(s)', 1999, Human Molecular Genetics 8 : 871-877

23) Retzl, Gerald, Institut für Anatomie, Währingerstr. 13, A-1090 Wien

Abkürzungsverzeichnis

PK = Pyruvat-Kinase

QTL = Quantitative Trait Lokus

PCR = Polymerase Chain Reaction

DNA = Desoxyribonukleinsäure

RNA = Ribonukleinsäure

Bp = Basenpaar

Anhang

Tabelle 1:

Versandliste der homozygot Dysferlin-mutierten Tiere mit individuellen PK-Werten

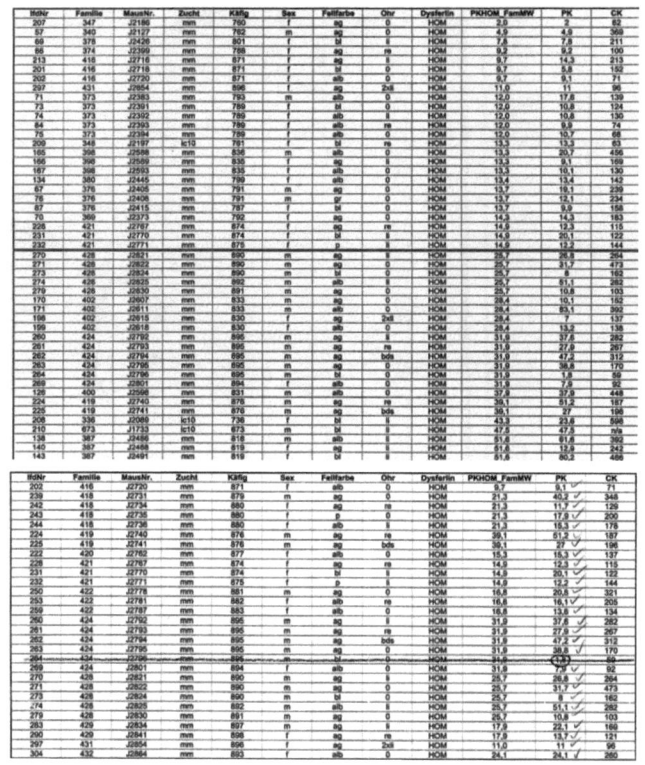

Tabelle 2:

Markerauswahl auf den Chromosomen 1-19, der ursprünglich angestrebte Abstand von 20 cM konnte häufig nicht eingehalten werden.

Chromosom	Marker	Koordinate (MB)

1		D1Mit234	25,7
		D1Mit206	95,8
2		D2Mit372	27,3
		D2Mit206	51,4
		D2Mit493	72,3
		D2Mit148	105
3		D3Mit130	3,9
		D3Mit44	22
4		D4Mit211	78,5
		D4Mit178	6,3
		D4Mit203	35,5
		D4Mit310	60
5		D5Mit346	71
		D5Mit388	1
		D5Mit25	18
		D5Mit31	61
6		D6Mit139	80
		D6Mit188	2,5
		D6Mit102	32,5
7		D7Mit227	40,5
		D7Mit31	28,0
8		D8Mit4	44
		D8Mit246	14
		D8Mit112	32,7
9		D9Mit89	53
		D9Mit269	8
10		D10Mit183	43
		D10Mit42	17
		D10Mit271	44
11		D11Mit2	70
		D11Mit271	2,4

	Marker	Größe
	D11Mit242	21
	D11Mit36	31
	D11Mit99	47,6
	D11Mit214	59,5
12	D12Mit221	74
	D12Mit4	3427,3
	D12Mit52	10
13	D13Mit14	30
	D13Mit64	47
	D13Mit202	62
	D13Mit53	3
14	D14Mit109	28
	D14Mit158	5
	D14Mit29	45
15	D15Mit252	12
	D15Mit171	54,4
16	D16Mit76	43
	D16Mit189	55,2
17	D17Mit133	10,4
	D17Mit180	29,4
	D17Mit123	56,7
18	D18Mit60	16
	D18Mit55	25
19	D19Mit88	34
	D19Mit10	47

Tabelle 3:

Panelzusammenstellung der informativen Marker: Alle Marker innerhalb eines Panels haben unterschiedliche Fragmentgrößen

Panel	Mikrosatellit	Bl10/SJL (MB)	Label
Panel 1	D1Mit234	145/14	NED
	D1Mit206	121/119	NED
	D5Mit388	195/187	FAM
	D1Mit446	168/132	HEX
	D10Mit271	114/100	HEX
Panel 2	D2Mit365B	104/102	NED
	D4Mit178	144/180	NED
	D4Mit211	132/138	FAM
	D15Mit252	120/114	FAM
	D5Mit25	236/230	FAM
	D2Mit493	111/127	HEX
Panel 3	D5Mit31	222/246	TET
	D7Mit71	115/109	TET
	D3Mit307	104/108	FAM
	D17Mit180	136/120	FAM
	D8Mit4	156/192	FAM
	D14Mit92	122/88	HEX
Panel 4	D7Mit31	246/234	TET
	D8Mit112	118/112	TET
	D9Mit89	139/149	FAM
	D10Mit42A	185/195	FAM
Panel 5	D6Mit183	102/96	TET
	D6Mit289A	136/142	TET
	D12Mit4	200/178	FAM
	D15Mit171	130/140	HEX
	D16Mit76	81/105	HEX
Panel 6	D14Mit158	139/117	NED
	D12Mit221	102/100	FAM
	D3Mit258	220/192	FAM
	D2Mit148	116/132	HEX
Panel 7	D9Mit169	162/136	NED
	D18Mit60	207/199	FAM
	D4Mit310	116/128	HEX
	D17Mit133	184/158	FAM
	D6Mit102	145/147	HEX
Panel 8	D17Mit123	134/150	NED
	D10Mit183A	134/136	FAM
	D18Mit55	157/149	FAM

Panel 9	D13Mit14	147/143	FAM
	D13Mit64	105/113	FAM
	D12Mit167	146/140	NED
	D16Mit55	113/132	NED
Panel 10	D19Mit88B	139/133	TET
	D11Mit214	148/150	HEX
	D11Mit271	119/123	HEX
	D14Mit109	114/90	FAM
	D16Mit189A	248/242	FAM
Panel 11	D11Mit86	118/127	TET
	D11Mit214	148/150	HEX
	D11Mit271	119/123	HEX
	D14Mit109	114/90	FAM
	D16Mit189A	248/242	FAM
Panel 12	D11Mit322	108/204	FAM
	D5Mit346	121/147	HEX
Panel 13	D2Mit206	142/116	FAM
	D11Mit2	109/113	FAM
	D11Mit36	230/215	TET

Graphik 1:

Ausschnitt aus der BLAST-Sequenz von Telethonin mit Markierung von Intron und Exons, inklusive der Primer:

```
169321 gtgatccttc tggtcaaggg acctcactat ggtatgtgcc cttgagctca
       ggaaggagag
```

```
169381 acgatccggg tagcatgggg cagatcgagg agggcatcag ttcctgcttc
tcctgttctg
169441 tttacagaca agctgctgtc ctccctgagc aaggggggag cagaggaaga
cagtgccaag
169501 gtggcacgag gctgcccatg tgcctggtcc gaggtggtgt ttgcagcatg
ccagacaccc
169561 agaggtgcta ctctgagaac ccaggtcccc aacagagcat cttgcaggct
ttgaaagctg
169621 acctctgacc tgggagcaac cagaatctgg gtacccaac ccccgccccg
gactcagagc
169681 cccatcacca ccagtgagtc ttggctctgc ttatagcatc tgacgccaga
ggggctgaaa
169741 atagccctg gagaaggggg agaggggaa gaagggcta tttaaagggc
tctggaggag
169801 caggacatag cagagggagc aatcagaaat catggccact tcagagctga
gctgccaagt
169861 gtctgaggag aaccaggaac gcagggaagc cttctgggct gagtggaaag
acctgactct
169921 gtctacccgg ccggaagagg ggtgagtgtg aatcattggg aggctctgcc
tctgctcccc
169981 caaagcacct gctacatatc agagtacaag ccctgaagt ttctggggcc
cctcccctgc
170041 tccagggaac tagctatgcc agggagaccc cacttagccc aagaccagag
aagagctgcc
170101 ctcagttcac cacctttgtc tcctttccac tttcagatgc tccttgcacg
aggaggatac
170161 acagaggcat gagacctacc accggcaggg acagtgtcag gcggtggtac
agcgctcacc
170221 atggctggtg atgcgcctgg gtatcctcgg ccgtgggcta caggaatacc
agctgccgta
170281 ccagcgggtg ctgcccctac ccatcttcac gcccaccaag gtgggggcct
ccaaggagga
170341 gcgcgaggag accccccatcc agcttcggga gctgctgcc ctggagacgg
ccctgggcgg
170401 ccagtgcgtg gagcgccagg acgtggctga gatcacaaag cagcttcccc
ctgtggtgcc
170461 agtcagcaaa cccgggcccc tgcgccgtac cctgtctcga tccatgtctc
aggaagctca
170521 gagaggctga gatgactgt gtgactcaga ctccactgtg tctgtctcag
gctaggcact
170581 tcctggctag gacaatggag gagagctgct ggcagtggct gctttgtagt
ttgcccagag
170641 gtgggagcta tgggaggagg gagcccgagg ccaggatgcc taggtgtcct
gagtccccac
170701 agggaaggga gcgaggatgg cgggcactag gagtggagag ctgagcaccc
tcagccccag
170761 aagaagagac aagagatcct ggtgagagga gaggccctg ggaatggcct
gctcgggaac
170821 agatggacta ggagaaggat gtgcaacgct ctggaaagga gggggatgtg
aagagggtgg
170881 aagtgggcag gcccccagca ccctctggta gcactgcaat aaatgctcag
ccatgttcca
170941 cgcttctctc tttctttgtg gttggggtgg gcatgaatgt ccaccgtgca
cttctgggaa
171001 cagccaagca ttggagctaa atctggcata accagagggt acactccatg
cttagggtg
171061 gggtacaggg gcagagctgt aaacaggggg aatgtctggt ccccctcct
gtgccactgc
```

```
171121 ccagccctgg cttcatgtcc agttcctggc actggagcgt gtctagcagg
ccagctggct
171181 tcaaggtttg tttaaatgat atctgtggag gaggttatgg aagggggctgg
caccagggcc
171241 gtccttggct gtgccttggg gtgtggatgg ggtcagtgac cctaaggcct
gtcagttgta
171301 gatccagaca gaatcaatcc ttggctggca tcaggtgtcc cactgtccct
ggcctgggtg
171361 ggaggacagg gtttaagttc ctgtctgtga cctctgcagc tgttgtgatg
atccccatcc
171421 cagcctgggt gtctggcctt tgggataagg aagggacact gggtaggact
ggatagaaga
171481 ccaggactat cttagcagag gctagtaacc ctcccacccc agaaagacat
aggactttct
```

Anmerkung:
gelb: Exon 1 und 2
blau: Primer für Exon1
violett: Primer für Exon2a
rot: Primer für Exon2b

Graphik 2: Ergebnis der BLAT-Suche nach bekannten Genorten in Nachbarschaft zum Marker D11Mit99

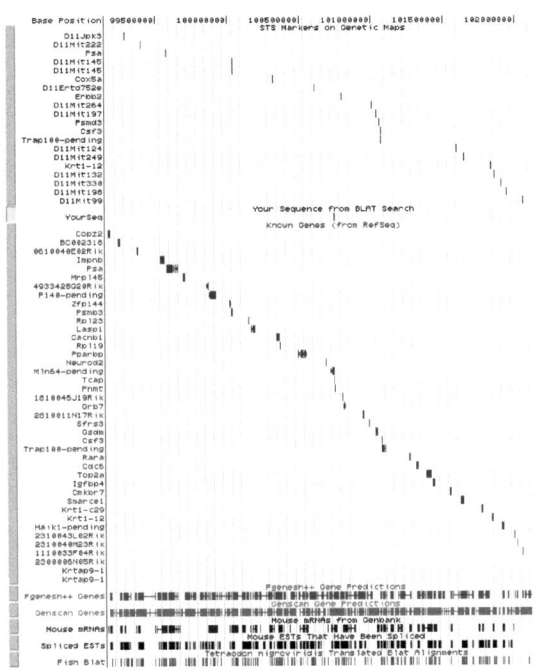

Danksagung

Mein Dank gilt Prof. Reis für die Vergabe des Themas und die Unterstützung, Fr. Dr. Kraus für die engagierte Betreuung und den Mitarbeiterinnen des Genom-Diagnostik- Labors für die geduldige Unterstützung.

i want morebooks!

Buy your books fast and straightforward online - at one of world's fastest growing online book stores! Environmentally sound due to Print-on-Demand technologies.

Buy your books online at
www.get-morebooks.com

Kaufen Sie Ihre Bücher schnell und unkompliziert online – auf einer der am schnellsten wachsenden Buchhandelsplattformen weltweit! Dank Print-On-Demand umwelt- und ressourcenschonend produziert.

Bücher schneller online kaufen
www.morebooks.de

VDM Verlagsservicegesellschaft mbH
Heinrich-Böcking-Str. 6-8   Telefon: +49 681 3720 174   info@vdm-vsg.de
D - 66121 Saarbrücken   Telefax: +49 681 3720 1749 www.vdm-vsg.de

Printed by Books on Demand GmbH, Norderstedt / Germany